SKYLINE
天 际 线

望远 知新

HOW TO READ A BIRD

怎样理解一只鸟

[美国]童文菲 著　　曾晨 译　　刘阳 审订

译林出版社

图书在版编目（CIP）数据

怎样理解一只鸟 /（美）童文菲著 ; 曾晨译.
南京 : 译林出版社, 2025. 8. --（译林自然科普经典）.
ISBN 978-7-5753-0815-1

Ⅰ. Q959.7-49

中国国家版本馆CIP数据核字第2025KW7393号

著作权合同登记号 图字：10-2021-38 号

怎样理解一只鸟 [美国] 童文菲 / 著 曾 晨 / 译 刘 阳 / 审订

责任编辑 杨雅婷
装帧设计 孙逸桐
校 对 王 敏
责任印制 董 虎

原文出版 The History Press, 2020
出版发行 译林出版社
地 址 南京市湖南路 1 号 A 楼
邮 箱 yilin@yilin.com
网 址 www.yilin.com
市场热线 025-86633278
排 版 南京展望文化发展有限公司
印 刷 江苏凤凰新华印务集团有限公司
开 本 718 毫米 ×1000 毫米 1/16
印 张 14.75
版 次 2025 年 8 月第 1 版
印 次 2025 年 8 月第 1 次印刷
书 号 ISBN 978-7-5753-0815-1
定 价 69.00 元

序言

乍一看，鸟类似乎是一种活生生的适应性悖论。与其他类群的动物相比，它们的种间区别极小。无须耗费太多力气，我们就可以轻松地掌握鸟类的概念：它们都有两条腿、一对翅膀（尽管有些种类的翅膀很小且失去了飞行功能）、一支用来解决所有饮食需求的喙，以及羽毛。我们不妨将鸟类的身体构造相似性与哺乳动物或其他脊椎动物展示出来的多样性进行对比。在形态学的其他方面，鸟类的种间差异也是极小的。从体型上看，最小的吸蜜蜂鸟（*Mellisuga helenae*）和最大的鸵鸟（*Struthio*）似乎差距很大，但与哺乳动物中的鼩鼱（*Soricidae*）和蓝鲸（*Balaenoptera musculus*），或鱼类中的侏儒虾虎鱼（*Trimmatom nanus*）和鲸鲨（*Rhincodon typus*）比起来，那可就是微不足道了。同样，鸟类产卵的方式也几乎是千篇一律，而爬行类、鱼类、两栖类，甚至是哺乳类都具有多样的繁殖系统。

尽管多样性有限，但鸟类在生物圈中的活动范围比其他任何动物都要广。它们造访北极和南极，遍布于世界上所有的海洋，在最偏远的岛屿上繁殖，也能出现在最炎热和最干燥的沙漠之中。有记录显示，在喜马拉雅山脉，黄嘴山鸦（*Pyrrhocorax graculus*）在超过6 000米的海拔繁殖；而在英国约克郡的一座煤矿，与全球人类居住区密切相关的家麻雀（*Passer domesticus*）靠着矿工提供的面包屑，在地下640米处繁殖。据报道，帝企鹅（*Aptenodytes forsteri*）可在南极海域下潜到550米的深度，而黑白兀鹫（*Gyps rueppelli*）能在超过11 000米的高度飞行，比任何一架飞机都要高。

人们认为，虽然所有鸟类的身体结构基本相同，但它们获得成功并广泛分布的关键在于——羽毛的进化给早期鸟类带来了非凡的灵活性。尽管这是一种普遍的观点，但形态适应只是鸟类故事的一部分，而且是有限的一部分。我们还需要用行为适应来进一步理解它们。鸟类与我们有许多共同的特点，这使它们成为理解进化、多样性和行为适应的绝佳对象。许多物种总是十分惹眼，并且在白天最为活跃；视觉和听觉是鸟类进行交流的主要感官模式，与人类一样。不仅如此，大多数鸟类还有类似于人类的繁殖过程：一对亲鸟建造一个鸟巢（家），并在很长一段时间内共同养育一个家庭。在某些情况下，鸟类甚至还有“离婚”和“婚外情”的状况。

这本书融合了许多有趣的故事，讲述了鸟类行为的多种方式，引导我们理解适应性。童文菲的文字活泼生动，穿插着奇闻逸事和亲身经历，将经典的案例和最新的研究结合在一起，绘制出一幅引人入胜的精彩画卷，并且将继续加深我们对鸟类行为多样性和丰富性的认识。这里所描述的杰出适应性既来自奇特而极端的环境，也来自世界各地的城市观鸟爱好者所熟悉的那些鸟类。我希望，这种多样性和可及性能够激励该领域的新一代研究。

本 · 谢尔顿

目 录

CONTENTS

引言

在灰蒙蒙的纽约街道上，一连串清脆的音符令我抬起头来。那是一只色彩斑斓、绿紫相间的鸟，每一根闪闪发光的羽毛尖端都有醒目的白色小箭头。紫翅椋鸟（*Sturnus vulgaris*）的分布实在是太广了，因此它很容易被人们忽视。但这种鸟例证了本书的大部分内容——从鸟类为什么会做出某种行为，到它们彼此之间、它们与人类之间的互动如何启发和影响我们的人生观。

紫翅椋鸟在本书中反复出现，部分原因是它在艺术和科学领域中都扮演着重要的角色。在《亨利四世》上篇中，威廉·莎士比亚唯一提到紫翅椋鸟的语句说的就是它几乎能模仿任何事物的能力。还有一些学术上的推测，包括一篇由专门研究鸟鸣的生物学家所撰写的长篇论文，是关于莫扎特和他饲养的紫翅椋鸟，以及他们如何在音乐上互相激发灵感的。我们知道，莫扎特很喜欢他的宠物“小丑”，甚至在它死后写了一首挽歌。紫翅椋鸟容易被驯服，适应能力强，营群居生活；因此，不论是从语言和经济决策，还是从群体的运动来说，它们都是生物学家们所钟爱的研究物种。

先天与后天

每当看到一只鸟在建造复杂的鸟巢或向猛禽发出警报时，你可能很想知道，它是如何“知道”该做什么和什么时候做的。事实上，大多数鸟类的行为都是先天的神经通路组合，以及应对环境时所进行的不断调整和重新编程。例如，经过几代的自然选择，受到惊吓的幼鸟可能会发出某种声音。然而，它必须通过观察成年个体攻击捕食者的过程来学习如何改善警报，以及何时发出警报。紫翅椋鸟能够完美地

左图

在赞比亚一个朋友的农场里，我每天都看着黑脸织雀（*Ploceus intermedius*）筑巢。这只雄鸟正在对鸟巢进行最后的修整。

右图

很少有什么声音能像西草地鹨（*Sturnella neglecta*）的鸣唱那样，鲜明地象征着某一处的特定风景。它的歌声仿佛在向我描绘着美国西部的“长空之州”蒙大拿。

模仿红尾鵟（*Buteo jamaicensis*）的叫声，或者用多种人类语言说出“我爱你”，但前提是它曾听到过这些声音。

美学、拟人化和非道德

人类和鸟类能在多大程度上真正地相互认同和相互理解呢？这更多地取决于我们所讨论的个体，但鸟类可以从其他物种的进化角度来教导我们感知世界。在觅食时，紫翅椋鸟通常能比人类做出更理性的决定（根据经济理论的定义），正如第一章所讨论的那样。在第二章中，作为一种群居鸟类，它们是研究鸣禽和人类如何学习用声音交流的常用对象。在第三章的求偶部分，我们学习到紫翅椋鸟如何通过选择最具吸引力的配偶来获得美丽的羽毛和美妙的歌声。第四章是关于抚养家庭的。在面临较高的捕食压力时，雌鸟可以对雏鸟进行“编程”：通过提高卵中的应激激素水平，孵化出飞行肌肉更发达的雏鸟，从而令它们更善于躲避捕食者。正如第五章中讲到的，这也是鸟类应对危险的诸多方式之一；另外，我们还探讨了紫翅椋鸟如何以及为什么会形成高度协同的庞大鸟群。最后一章关乎气候，我们谈到了具有高度灵活性的鸟类，比如紫翅椋鸟。它们能够轻易地应对环境变化，扩大活动范围；当全年定居于城市变成一个明智之举时，它们通常会停止迁徙。

紫翅椋鸟是在19世纪90年代来到新大陆的。当时，美国物种引入协会的一位好心成员决定引入莎士比亚在戏剧中提到的鸟类，并在纽约中央公园放生了60只左右的紫翅椋鸟。如今，这些适应性极强的鸟类已经成为北美地区的主要入侵物种；它们向着北部和西部迈进，一路扩散到阿拉斯加，这主要是因为人类发展和气候变化持续导致寒冷的北方变得更加适宜生存。

紫翅椋鸟的成功完美地证明了进化是非道德的。每一年，它们都会给美国造成高达10亿美元的农作物损失，并威胁濒临灭绝的本土物种，比如红头啄木鸟（*Melanerpes erythrocephalus*）。然而，把不良后果归咎于这些过于优秀的机会主义者是不公平的。

或许这本书中的一些语言带有拟人化的味道。毕竟，作为一种社会动物，即便是科学家也很难保持完全的客观。有些词在技术性文献中十分常见，比如“离婚”或“性格”。而一些词有些拗口，比如“配偶外交配行为”；我有时会用人类行为的同义词“婚外配”来切入正题。

作为个体的鸟类

生物学家开始意识到，属于同一个物种的鸟类个体存在巨大的差异，而且个体在一生当中能够具备极高的灵活性。睾酮会影响雄鸟如何在拥有更多的交配次数和成为少数子女的“好父亲”之间进行转换。睾酮水平较高的雄性灯草鹀（*Junco*）可以吸引更多雌鸟，并拥有更多的婚外配后代。而高水平的睾酮并不会增加雄性家麻雀或青山雀（*Cyanistes caeruleus*）的“风流”次数，但它们的确能吸引更多的社会伴侣。与睾酮水平较低的雄鸟相比，这些雄鸟所提供的亲代照顾较少。

鸟类无处不在，为人们提供了体验新大陆的另一种渠道，这也是我和大部分观鸟爱好者喜欢鸟类的原因之一。本书歌颂了世界各地的鸟类行为多样性。通过强调经典和最新的科学研究，本书不仅探究了鸟类为什么会做出各式各样的行为，也探究了我们是如何得知这些信息的。最后，无论你身在何方，我都希望这本书能加深你对鸟类的欣赏。

下图

在哥斯达黎加的一座美丽花园中，我和这只紫冠仙蜂鸟（*Heliothryx barroti*）同时享用着各自的早餐。

1

寻找食物

FINDING FOOD

右图

对于夏威夷旋蜜雀而言，每一个物种都适应于不同的食物；小绿雀（*Magumma parva*）是该辐射进化中体型最小的物种。

从头武装到尾

鸟喙是觅食的工具。每当看见一只鸟，你可以仅凭喙形猜出它的食物类型；当然，其他身体部位的形状、出现的场所和行为也是附加的线索。比如，专门以种子为食的雀类要比以昆虫和蜘蛛为食的莺类拥有更粗厚的喙。

有经验的观鸟爱好者会留意喙的大小和形状，从而自信地判断出某些棕色小鸟是麻雀而不是鹪鹩。然而，利用喙这样的工具来对鸟类进行分类是有缺陷的。在提出自然选择理论之前，年轻的博物学家查尔斯·达尔文（1809—1882）认为自己在加拉帕戈斯群岛收集到的小鸟至少来自

下图

在巴拿马，一只食螺鸢（*Rostrhamus sociabilis*）正在吃苹果螺（Ampullariidae）。

四个不同的亚科，包括了蜡嘴雀和莺。直到大英博物馆的鸟类学家约翰·古尔德对这些标本进行了检查和分类，达尔文才得知它们都是雀类。

以夏威夷旋蜜雀（真雀类）[1]和达尔文地雀（非真雀类）[2]这两个著名的岛屿辐射进化产物为例，它们的头骨和喙在形状上的协同演化比其他类群显著得多。与同时定居在岛上的其他鸟类相比，这两个类群在夏威夷和加拉帕戈斯群岛上进化出数量繁多的物种——而这种令喙快速进化以适应特定功能的突出能力恰好可以解释这一现象。然而，并不是所有工具都以相同的速度发展。一项研究对进化树上的352种鸟类进行了分析，比较了它们的三维头骨和喙形。结果表明，一些鸟类的头骨进化速度较快，而这取决于它们的饮食。取食种子和花蜜的鸟类能够以最快的速度进化出不同形状的头骨。相比之下，雕、鹰、猫头鹰等猛禽的变化最为缓慢。其中的原因可能在于，这些猛禽用脚来作为武器和狩猎的特化工具，它们的双眼视觉和锋利的喙可以基本保持不变。

与这一规律背道而驰的是一种食性特殊、高度特化的猛禽。佛罗里达的食螺鸢已经适应了从壳中取食螺肉。而在2005年前后，一种外来的福寿螺入侵了佛罗里达，比食螺鸢原本的猎物大2~5倍。此前，由于栖息地的丧失，食螺鸢已经处于极度濒危的状态。但出乎意料的是，经过两代的时间，它们适应了体型更大的猎物——这些外来入侵物种反而增加了食螺鸢的数量。食螺鸢的喙形之所以会发生异常迅速的变化，部分原因在于强烈的自然选择保留了能使喙形变大的基因，而另一部分原因在于它们发育出了具有适应性的喙，即幼鸟取食的螺越大，它们的喙也就长得越大。

尾部也能极大地改变鸟类运动的物理过程。这对于它们捕捉猎物的方式来说十分重要，尤其是水鸟。为了寻找食物，水鸟必须在飞行和游泳之间进行优化。就互不相关但都在水下觅食的四个类群而言，一根又长又直的尾综骨充当了它们的“船舵”。而尾综骨在形状上的差异更大，这取决于这些鸟是猛地跳入水中（如鲣鸟）、涉水游泳（如海鹦），还是利用翅膀在水下推进（如企鹅）。但是，在飞行或奔跑中觅食的鸟类的尾综骨相对较短。

---

1 夏威夷旋蜜雀是夏威夷特有的一类小型雀形目的总称，仅存18种。它们现被归于燕雀科（Fringillidae）下的金翅雀亚科（Carduelinae），与朱雀属（*Carpodacus*）的亲缘关系较近，但许多物种都进化出了不同于其他雀科鸟类的特征。——译注

2 达尔文地雀是查尔斯·达尔文在加拉帕戈斯群岛发现的一类雀形目的总称，包含4属18种。它们属于裸鼻雀科（Thraupidae）下的地雀亚科（Geospizinae），与真雀类的亲缘关系并不接近。——译注

多样性促进共存

无论是在人类经济领域还是在自然界中，都有一种解释多样性的进化和共存的方法，那就是让某些个体变成生态位宽度狭窄的“特化种”。不同鸟类拥有不同形状的喙和身体，可以选择不同的食物。在其他情况下，“软件”（比如鸟类的行为）的改变比“硬件”更多。

许多观鸟爱好者都会在听到莺类合唱时感到兴奋，并试图分辨出在同一棵树上觅食的这些小鸟。而生物学家面临的一个关键问题是，这么多形态相似的物种是如何在这样紧密的群体中共同生活的?

美洲的森莺（Parulidae）就是生态位多样化的一个很好的例子。每一种森莺都有自己独特的生存手段，在森林中占据自己的位置，甚至占据一棵树的特定部位。20世纪50年代，生态学家罗伯特·H. 麦克阿瑟（1930—1972）仔细观察了缅因州森林中的5种森莺，并通过它们的觅食行为证明了这一点。他花了许多时间来计算每只森莺在云杉（*Picea*）上进食的确切位置、时间和方式。于是，一种清晰的特化模式出现了——关键不在于喙形（它们看起来都很相似），而在于它们的觅食行为。

为了便于理解，我们可以将一棵几何形状的云杉分为几个部分，并仔细观察在这里觅食的森莺。你会发现，每个物种最常出现的位置是不同的，而且它们各自拥有适应于这个特殊位置的觅食方式。这就是达尔文所说的“自然经济”。

对页图

和许多受欢迎的鸟类一样，“莺”（warbler）这个常用名具有误导性。旧大陆的莺类属于较为古老的辐射进化，比如上图中的黄眉柳莺（*Phylloscopus inornatus*）；而色彩更为丰富的森莺则是独立进化而来的，在新大陆占据了许多相同的生态位，比如下图中的美洲黄林莺（*Setophaga aestiva*）。尽管在起源上存在差异，但这两个类群的莺类都可作为辐射进化的案例；在辐射进化中，对食物的竞争推动了多样性的出现，从而允许多个亲缘关系相近的物种共存。

森莺经济

在麦克阿瑟的研究中，处于云杉最顶端的是栗颊林莺（*Setophaga tigrina*）和橙胸林莺（*Setophaga fusca*）。然而，栗颊林莺大部分时间都在寻找昆虫——它们飞离云杉，在树梢的边缘游荡。相比之下，橙胸林莺会仔细地在每一根枝条上寻找食物，通常会待在离树干较近的地方。栗胸林莺（*Setophaga castanea*）则更为保守。它们基本上只潜伏在每棵云杉的中央，有条不紊地在枝条之间长时间穿行，然后再移动到下一棵树。这一物种飞离云杉觅食的次数最少。

黑喉绿林莺（*Setophaga virens*）拥有一种独特的手段，可以窥探上方厚厚的云杉针叶层，然后腾空、盘旋，精确地捕捉到猎物。它们的觅食习性是最活跃的。麦克阿瑟还指出，当其他种类的森莺默默进食时，黑喉绿林莺吵吵闹闹，几乎连续不断地发出叽喳声。在活动习性和空间利用上泛化程度最高的是黄腰白喉林莺（*Setophaga coronata*）。它们在云杉底部花的时间比其他任何物种都多，但也会出现在树顶。它们会像栗颊林莺那样寻找昆虫，也会像橙胸林莺和栗胸林莺那样躲躲藏藏。黄腰白喉林莺在树与树之间的移动是最频繁的。

如今，观鸟爱好者重复了麦克阿瑟的研究。但他们即使站在完全相同的地点，也可能看不到完全相同的物种组合占据着

不同种类的森莺填满了云杉的觅食生态位

栗颊林莺（1）和橙胸林莺（2）倾向于在树顶附近觅食；而栗胸林莺（3）的觅食高度较低，但最接近树干。黑喉绿林莺（4）也处于中间高度，觅食习性最为活跃。黄腰白喉林莺（5）经常在树干底部出没，觅食行为的泛化程度最高。

一棵树的相同部位。因为，无论是作为种群还是个体，鸟类都具有适应性。在20世纪50年代，当麦克阿瑟进行这一开创性的博士课题研究时，大量色卷蛾（*Choristoneura*）提供了过剩的食物，导致栗颊林莺这一典型的罕见种数量暴涨。

关键在于，生态位并不是静态的。在资源、竞争者和整体气候不断变化的环境中，它们是灵活可变的“专业领域”，可以适应动态的觅食经济。

从性别分离到个体特化

有些鸟类进一步发挥了生态位分化的作用。它们利用变异和特化，最大限度地减少同一物种内部的成员竞争。两性之间的觅食分化可能与体型差异有关。例如，某些种类的雄性鸬鹚比雌性更大，可以在捕鱼时潜得更深，时间更长。巨鹱（*Macronectes giganteus*）的雄鸟欺凌雌鸟，霸占食物，迫使雌鸟到更远的海域觅食。

相比之下，没有证据表明黑眉信天翁（*Thalassarche melanophris*）和灰头信天翁（*Thalassarche chrysostoma*）的雄鸟更占优势。但在各自的觅食海域，这两个物种都表现出了明显的两性空间分离。不过，这一现象只出现在觅食路程相对较长的孵卵期。这两个物种的雄鸟都比雌鸟大，需要更快的风速才能翱翔于高空。与体型较小的配偶相比，雄鸟只能在风最大的地方捕鱼。

觅食行为的性别分离并不仅限于捕鱼的鸟类。绿林戴胜（*Phoeniculus purpureus*）的雄鸟也比雌鸟大，而且两性的觅食方式存在差异。雄鸟的喙比雌鸟长36%，它们专门在树皮底下寻找食物，而雌鸟主要为啄食。由于异性伴侣更有可能在一起觅食，这种做法或许能减少两性之间的竞争，缓和冲突。幼鸟在喙形上并没有表现出性别差异，所以这种觅食分化只出现在它们发育成熟之后。

上图

绿林戴胜是一种聒噪的鸟类，繁殖于撒哈拉以南的非洲地区，营群居生活。雄鸟的喙比雌鸟长，这有助于减少两性之间的食物竞争。

猛禽的情况恰好相反——雄性往往是体型较小的一方。在鸟类中，两性间的最大体型差就出现在猛禽身上。体型较小的雄鸟更加灵活，因此，捕猎对象较小、环境障碍物较多或领地意识强于群居物种的猛禽往往会有不成比例的小型雄性。这一现象可能有两种成因：一是雄性猛禽在繁殖季通常承担着食物供应的主要责任，而雌鸟负责孵卵和抚育雏鸟；二是雄性猛禽经常在领地上方展开“空战”。

虽然蛎鹬（*Haematopus ostralegus*）当中也存在具体性别的特化，但两性成员的特征属于一个连续统一体。这其中也包含着大量的重叠：很多雌鸟和雄鸟的喙是中间形态的，能够很好地获取两种类型的食物。在最寒冷的年份，位于连续统一体两端的个体拥有更大的优势；而在大多数年份，极端特化的喙与中间形态的喙都能为个体带来相差无几的生存成功率。与其他因素相比，我们还不清楚这种特化在多大程度上是由资源竞争所驱动的。通常来说，雌鸟的体型较大，而体型较大的个体往往拥有更长的喙。

在下一节中，我们将发现物种内部的竞争并不总是塑造鸟喙多样性进化的主要因素。

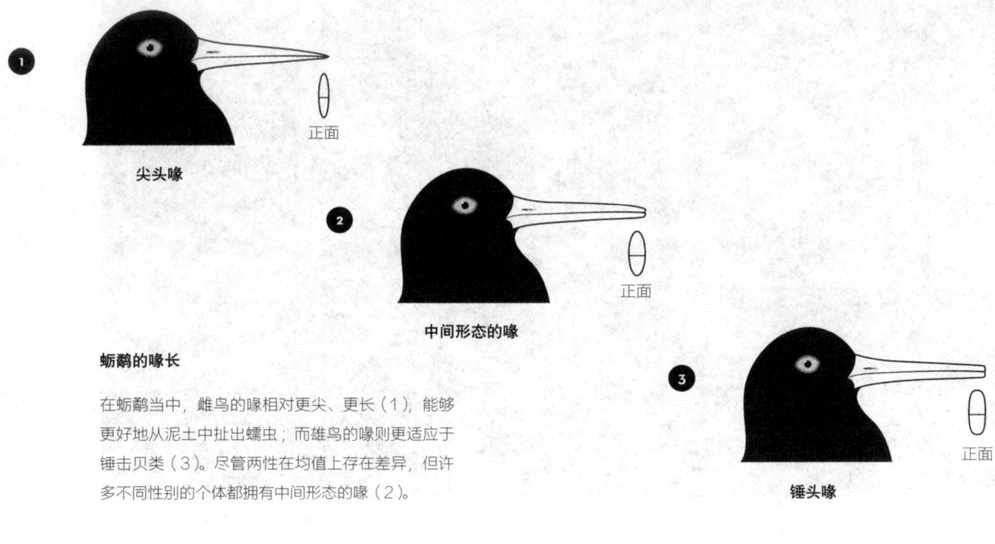

蛎鹬的喙长

在蛎鹬当中，雌鸟的喙相对更尖、更长（1），能够更好地从泥土中扯出蠕虫；而雄鸟的喙则更适应于锤击贝类（3）。尽管两性在均值上存在差异，但许多不同性别的个体都拥有中间形态的喙（2）。

交嘴雀的协同进化

在一些鸟类当中，特化的个体被人们划分为不同的变异型。它们看起来不同，发出的鸣声不同，对食物的偏好也不同。在少数情况下，这些具有差异性的食物选择会导致新物种的诞生。交嘴雀（*Loxia*）得名于它们的喙，其尖端交叉的结构非常适合撬开针叶树的球果，取食鳞片中的种子。

交嘴雀给生物学家和观鸟爱好者带来了巨大的分类挑战。它们的出现形式总是带有许多微妙的差异——每一群交嘴雀取食种子的方式似乎都适应于某一特定的针叶树种。在落基山脉，特化的个体拥有各自最擅长取食的树种，包括

右图

一只雌性的红交嘴雀（*Loxia curvirostra*）正在取食落叶松（*Larix*）的种子。红交嘴雀有多种变异型，每一种都有独特的鸣声和喙形，以适应特定的针叶树种。

对页图

鹦交嘴雀（*Loxia pytyopsittacus*）生活在欧洲北部。与红交嘴雀相比，它们的体型较大，喙较粗厚。雄性交嘴雀的羽毛为红色，而雌鸟的羽毛为黄色。

铁杉（*Tsuga*）、花旗松（*Pseudotsuga menziesii*）、西黄松（*Pinus ponderosa*）和扭叶松（*Pinus contorta*）。20世纪80年代末，生物学家克雷格·W. 本克曼对这四种变异型的喙都进行了测量，并举行了小型的球果处理竞赛。他甚至根据另一种常见的针叶树巨云杉（*Picea sitchensis*）预测了第五种变异型的最佳喙形。10年后，当人们再次发现这些交嘴雀时，它们的喙形确实与本克曼的预测结果相符。

每个族群的交嘴雀都会在任意种类的针叶树上取食，但它们更偏爱自己最擅长打开的那种球果。有些鸟类依赖于不可预测的、在丰年与荒年随机出现的食物来源，会经历局部的种群爆发，例如红胸鸸（*Sitta canadensis*）。这一现象被称为“入侵”。如果你曾注意到交嘴雀突然大量出现，那就是一种入侵。来自不同族群的交嘴雀聚集到一起，共同享用数量可观的针叶树球果。

每个交嘴雀族群都有独特的飞行鸣叫。区分这种鸣叫的最佳方式就是将录音资料转译为图片，即声谱图。对于试图识别交嘴雀变异型的人们和交嘴雀本身来说，这些鸣叫都具有非常重要的作用。为了寻找食物，交嘴雀终年都在嘈杂的、游荡的族群中活动。它们从这些觅食的族群中选择配偶，一旦有足够的球果就开始繁殖，即使这意味着要在冬天筑巢。在北美，至少有11个截然不同的交嘴雀族群；只有飞行鸣叫相似的个体才会进行繁殖，这些族群从而在基因上保持着某种差异。而欧亚大陆至少有20种变异型。

停下来过安稳的生活

与大多数族群的流浪生活方式不同，少数交嘴雀族群坐拥稳定的食物来源，更倾向于过安稳的日子。在落基山脉附近的几座孤山上，交嘴雀可以奢侈地在一个地方定居，因为它们最擅长取食的针叶树正是缓慢而稳定地释放着种子的扭叶松。这种逐步释放种子的习性是对火灾的一种适应：树脂将鳞片牢牢地粘在一起，除非它在高温下开始软化，否则扭叶松不会释放所有的种子。在入侵期间，游荡的交嘴雀族群会与定居的族群在同一个地方觅食。然而，由于它们的鸣声大相径庭，不同的族群之间很少杂交。

爱达荷州南山是另一位主要的球果取食者——欧亚红松鼠（*Sciurus vulgaris*）未曾涉足的地方，所以，栖息于此的定居型交嘴雀与扭叶松展开了一场进化军备竞赛。这里的扭叶松能够进化球果、加强防御，以抵抗交嘴雀对种子的伤害，但没必要提防松鼠。交嘴雀难以撬开大球果的鳞片，而欧亚红松鼠喜欢装满种子的大球果。因此，在落基山脉的大部分区域，扭叶松的球果较小，种子较少，以减少松鼠带来的损失；但在南山地区，球果可以长得很大。这又反过来促使交嘴雀进化出更大的喙，以便打开更大的球果。长此以往，一场协同进化的军备竞赛不断升级。

定居在南山的交嘴雀与它们的食物发生了协同进化；最终，它们的体型、鸣声、习性和基因都变得十分独特。因此，它们成为一个独立的新物种——喀细亚交嘴雀（*Loxia sinesciuris*）。然而，气候变化正在导致这一新物种的数量迅速减少。在2003年至2011年间，它们的数量减少了80%。这是由于上升的气温模拟了火灾的影响，导致球果过早地释放种子，令定居在此的交嘴雀失去了它们赖以生存的稳定食物来源。针对瑞典和苏格兰的交嘴雀，气候预测的结果也同样令人沮丧。

影响红交嘴雀和喙形的因素

不同族群的交嘴雀在喙形上有着微妙的差别，以撬开不同针叶树的球果。以取食于扭叶松的特化个体为例，与欧亚红松鼠共存的族群（4）喙较小，而觅食环境中没有欧亚红松鼠的族群（5）则不得不面对体积较大的球果，所以它们拥有更大的喙。

铁杉的球果

花旗松的球果

西黄松的球果

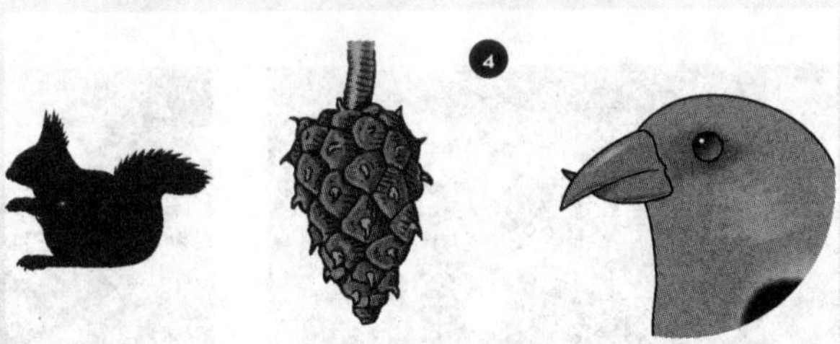

扭叶松的球果
有欧亚红松鼠的地方，
球果较小

扭叶松的球果
没有欧亚红松鼠的地方，
球果较大

交易的收获

并非所有鸟类和其他物种之间的关系都像交嘴雀和针叶树的进化军备竞赛那样充满对抗性。美洲的牛鹂（*Molothrus*）总在牛群附近活动，因而得名。当成群的家牛和美洲野牛（*Bison bison*）从草地上走过时，牛鹂就可以趁机捕食被驱赶出来的昆虫。与之相似的是，许多没有亲缘关系的南美鸟类被统称为“蚁鸟”，因为它们跟随行军蚁穿过雨林，利用蚁群造成的混乱和伤害来获得食物。这些关系是单方面的，鸟类的收益纯粹是其他物种行为的副产物。

与之相比，在撒哈拉以南的非洲地区，人类与黑喉响蜜䴕（*Indicator indicator*）之间的合作依赖于一种复杂的种间交流形式。黑喉响蜜䴕以蜜蜡为食，但若没有哺乳动物的帮助，它们很难得到想要的食物。哺乳动物能够让蜜蜂安静下来，并打开蜂巢。人类社会一直对

下图

莫桑比克的采蜜人通过与黑喉响蜜䴕交流来寻找野生蜂巢。作为回报，这些鸟会得到易于消化的蜜蜡。

对页图

大胆的北美喜鹊和害羞的加拿大马鹿是最好的搭档。

蜂蜜情有独钟，但蜂巢的位置却时常不为人所知。黑喉响蜜䴕会发出特别的鸣声来吸引潜在人类合作者的注意。它们还能通过交流，向采蜜人指示蜂巢的距离和方向。

2016年，鸟类学家克莱尔·斯波蒂斯伍德在莫桑比克进行了一系列巧妙的实验。她发现当地的采蜜人有一种特殊的呼喊，可以用来吸引饥饿的黑喉响蜜䴕；而后者对于这种呼喊的反应强度是对其他人类叫声的3倍。年幼的黑喉响蜜䴕只需要静待合作者的召唤，因此，这是一种必须学习的信号。不同的人类社会用于吸引合作者的呼喊声截然不同。通过二者之间的合作，黑喉响蜜䴕令人类找到蜂蜜的机会提高了3倍。

在互利关系中，个体的性格会产生一定的影响。例如，生活在落基山脉的北美喜鹊（*Pica hudsonia*）喜欢从大型食草哺乳动物身上啄食寄生虫。然而，并非所有的北美喜鹊和加拿大马鹿（*Cervus canadensis*）都喜欢待在一起。生物学家煞费苦心地对两种动物进行了外向程度和风险偏好测试，结果发现，只有最勇敢的北美喜鹊和最害羞的加拿大马鹿才会成为搭档。性格羞怯的北美喜鹊过于紧张，不敢冒险停在加拿大马鹿的背上；具有攻击性的加拿大马鹿也无法容忍北美喜鹊骑在自己的背上，即使对方能帮它去除身上那些恼人的虱子。

特殊的食性可能会要求鸟类与微生物互利共生。北加岛地雀（*Geospiza septentrionalis*）已经进化为吸食其他鸟类血液的特化种。这种食性需要特殊的肠道菌群，其中一些菌群与吸血蝠的肠道细菌相同。在奉行“素食主义”的另一个极端，麝雉（*Opisthocomus hoazin*）只吃植物的叶子；它们拥有自己的共生菌群，能够分解植物纤维。麝雉甚至进化出一些与牛相同的遗传变异，以便更好地消化食物。

是合作还是利用？

下图

一只叉尾卷尾在觅食的狐獴上方悬停。叉尾卷尾会发出"狼来了"一般的鸣叫，以便从其他物种（比如狐獴和斑鸫鹛）手中偷取免费的午餐。

合作关系很容易受到欺骗的影响。哪怕是在鸟类当中，互利共生与寄生之间的界限也常常是模糊的。例如，在非洲大草原上，牛椋鸟以大型食草动物背上的寄生虫为食。大多数情况下，这对双方都有利；但实验也表明，当寄生虫的数量不足时，牛椋鸟也不介意直接从对方的伤口上吸血。

卡拉哈里沙漠的叉尾卷尾（*Dicrurus adsimilis*）经常为觅食的混合群充当哨兵。混合群可能包括许多种类，比如狐獴（*Suricata suricatta*）和斑鸫鹛（*Turdoides bicolor*）。这种附加的安全措施可以让群体中的其他成员把注意力集中在觅食上，而不必同时扫视天空，警惕随时可能出现的危险。虽然这些混合群中的大多数物种都是群居性动物，并且擅长在地面挖掘食物，但叉尾卷尾总是独自停栖于树枝上，在高处捕食昆虫。叉尾卷尾的喙短而直，非常适合捕捉半空中的飞虫；但面对埋在地下的食物，比如肥美的甲虫幼体，它们就显得力不从心了。相比之下，斑鸫鹛的喙更细、更弯，更适合探入土壤进行挖掘。

为了不把时间和精力浪费在自己不擅长的挖掘工作上，叉尾卷尾利用了其他物种的优秀技能。当斑鸫鹛挖出一只鲜美多汁的幼虫时，叉尾卷尾就会发出虚假的警报。受益于欺骗的手段，它们得到了自身的喙所无法获取的食物，扩大了觅食生态位。有趣的是，不同的叉尾卷尾个体对那些表面上获得

了警戒帮助的物种的剥削和寄生程度存在着差异。

在最需要的时候，叉尾卷尾也会灵活地施展这些骗术，比如当天气太冷，它们所捕食的飞虫无法活动时。个体会有策略且选择性地使用虚假警报，这样有助于防止其他物种识破它们的虚张声势。

如果你看到一个混合群，不要以为那就是一个完美、和谐的团队，所有物种都受益于邻里守望相助，同时坚持着特定的觅食生态位来使冲突最小化。所有的合作团队都容易被欺骗渗透，尤其是在叉尾卷尾这样充满天赋的成员存在时。

上图

红嘴牛椋鸟（*Buphagus erythrorynchus*）会吃掉食草动物［比如这只高角羚（*Aepyceros melampus*）］身上的寄生虫，但它们也会接着从伤口上吸血。

植物的力量

对页图

一些类群已经进化为传播植物种子的使者，例如冠斑犀鸟（*Anthracoceros albirostris*）。热带地区的许多榕属（*Ficus*）植物，比如孟加拉榕（*Ficus benghalensis*），依靠这些食果鸟类把种子散播到远离母树的地方。

下图

血红肉果兰（*Cyrtosia septentrionalis*）是东亚的一种兰花，它会结出非同寻常的大型红色果实，以吸引栗耳短脚鹎等鸟类为其传播种子。

其实，植物也能操控互利共生的关系。你如果曾被偷吃鸟食的松鼠所困扰，可能会选用呛人的红辣椒来驱赶它们。市面上甚至有“火辣籽油”等产品，你可以用它们给鸟食裹上一层火辣辣的红油。其中，起作用的物质是辣椒素；这种化合物能使食用辣椒的人类产生灼痛感，它也是这类植物用以选择种子传播者的方式。鸟类缺乏感受辣椒素的味蕾，可以食用沾有辣椒油的种子，但松鼠的舌头可就遭殃了。

原产于美洲的辣椒（*Capsicum annuum*）是多个人工种植品种的祖先。在索诺拉沙漠，这种植物依靠小嘲鸫（*Mimus polyglottos*）等鸟类来传播种子。鸟类更有可能把种子放置在潮湿、阴凉的地方，这有利于籽苗的茁壮成长。

更有甚者，一些兰花（Orchidaceae）也进化出了甜美且肉质丰满的红色果实，以吸引鸟类传播种子。大多数兰花的种子很小，可以随风传播。然而，在日本温带雨林的下层植物中，有一种生长于潮湿环境的兰花。由于没有足够的阳光用于光合作用，它们只能依靠真菌获得营养物质，并依靠鸟类传播种子。除了结出诱人的果实之外，这些兰花还进化出一根特别结实的茎，供鸟类停栖。生物学家投入了大量时间来观察这些兰花。他们发现，一种常见的东南亚鸟类——栗耳短脚鹎（*Hypsipetes amaurotis*）吃掉的果实最多。而且，它们的粪便中也有许多兰花种子。

其他植物与各自的传种鸟类发生了更为密切的协同进化。这种特异性可能会成为一个保护问题。新西兰秧鸡（*Gallirallus australis*）是新西兰特有的一种大型秧鸡科（Rallidae）鸟类，不具备飞行能力。少数本土植物依靠它们来传播种子，例如齿叶杜英（*Elaeocarpus dentatus*）。二者的合作十分顺利，直到露营的人类为新西兰秧鸡提供了更有吸引力的选择——残羹剩饭。生物学家运用了对待宠物的方式，往大而笨重的齿叶杜英种子里植入芯片，以记录种子通过新西兰秧鸡消化系统的时间。在大多数食果鸟类中，种子从入口到变成粪便只需要几分钟的时间，但硕大的齿叶杜英种子平均需要5天。野生的新西兰秧鸡原本可以在这段时间内走到更远的地方觅食，但露营者的残羹剩饭令它们放慢了脚步。对于齿叶杜英来说，这可不是件好事，因为它们的幼苗最终会落在离母树较近的地方。

正如我们将在下一节中看到的，也有许多植物进化到利用鸟类传粉的案例。

不同颜色的花尝起来一样甜吗?

通过散播种子，鸟类帮助植物将后代移动到有利于生长的位置。除此之外，它们在植物的成功交配中也扮演着重要的角色。猴面花（*Erythranthe*）之类的植物依赖于传粉者，以避免与异种个体发生杂交。

由蜂鸟传粉的猴面花具有鲜红而狭长的花朵，生殖部位突出，可以达到蜂鸟的前额，还带有大量的花蜜来作为“贿赂”。相比之下，由熊蜂（*Bombus*）传粉的猴面花具有粉红而宽大的花朵，花蜜也较少。生物学家将这两种亲缘关系密切但又截然不同的植物进行了杂交，结果证明，少量的遗传差异就足以令一朵花对鸟类或蜜蜂产生相应的吸引力。这种遗传上的灵活性意味着猴面花可以通过吸引一个独特的传粉者而迅速进化为新的物种。只要猴面花所提供的奖励（花蜜）具有足够大的差异，它就可以引导蜂鸟的色彩偏好。不过，蜂鸟对红色存在着与生俱来的偏好。

取食花蜜的特化类群

- 太阳鸟、花蜜鸟
- 蜂鸟
- 吸蜜鸟、食蜜鸟等
- 吸蜜鹦鹉

事实上，大多数鸟类不吃甜食，也缺乏品尝甜味的能力。我的同事莫德·鲍德温问道：这些传粉者经历了怎样的进化？对于旧大陆（非洲、亚洲和欧洲）的太阳鸟或美洲的蜂鸟而言，作为一种回报性食物的花蜜是如何被发现的？味蕾的工作原理是通过感受器向大脑发送信号，从而对特定的分子进行响应。例如，酸味是由任意酸所释放的氢离子撞击酸味感受器而引起的。同样地，鲜味（umami，日语中肉或酱油的味道，不同于单纯的咸味）由一些氨基酸的感受器触发，而这些氨基酸正是构成肉的主要成分。人们常用的味精就是一种合成氨基酸。

蜂鸟与雨燕的亲缘关系最近，那么，前者到底是如何进化出感受甜味的能力，并让植物利用花蜜来吸引它们的呢？哺乳动物和鸟类的共同祖先都有对鲜味感受器进行编码的基因。这些基因在进化史上十分古老，其中一种还与令大多数哺乳动物能够品尝甜味的基因相重叠。然而，在恐龙向鸟类进化的过程

中，这种基因在某个地方丢失了。因此，大多数鸟类品尝的是鲜味，而不是甜味。值得一提的是，蜂鸟独立进化出了品尝甜味的能力。在蜂鸟体内，鲜味感受器的序列出现了6处变异，令其重新转化为甜味感受器。

上图

猴面花依靠不同的结构和颜色来吸引不同的传粉者。蜂鸟喜欢鲜红色的花瓣，而蜜蜂则喜欢更宽大的粉色花朵。

发臭的食物

嗅觉是哺乳动物感知世界的一种主要方式，但人们普遍认为人类和鸟类在这方面的能力都很差。然而，1985年的一项实验表明，当葡萄干沾上鱼肝油后，北美喜鹊找到它们的概率高于找到普通葡萄干的概率。喜鹊类（*Pica*）和乌鸦类（*Corvus*）经常偷偷摸摸地到食物贮藏处进行盗窃；对于它们这样的鸦科（Corvidae）鸟类来说，嗅觉功能尤其有用。但与老鼠或狗比起来，它们的嗅球（大脑中负责处理气味的部分）小得不成比例。

相较之下，红头美洲鹫（*Cathartes aura*）是鸟类中的嗅觉冠军。通过观察该物种的大脑，人们发现，在迄今为止所研究过的鸟类当中，即便是与新大陆的另一种秃鹫——黑头美洲鹫（*Coragyps atratus*）相比，红头美洲鹫的嗅球体积（相对于大脑容量）也是最大的。通过嗅觉，红头美洲鹫能够在茂密的森林里找到腐肉。而黑头美洲鹫与跟新大陆没有关联的鹫都更多地依靠视觉来寻找食物。

上图

红头美洲鹫拥有敏锐的嗅觉，它们利用放大的鼻孔来寻找腐肉。

红头美洲鹫拥有一对放大的鼻孔。嗅觉高度发达且鼻孔较大的类群还有鹱形目(Procellariiformes)。但在该类群中，放大的鼻孔也可以帮助个体感知飞行速度。这些海鸟包括信天翁、鹱和海燕，在一生中的大部分时间里，它们都在开阔的海洋上空翱翔，它们运用嗅觉，通过一种气体——二甲基硫来寻找食物。当微型浮游动物开始食用海洋表面的藻类时，这种气体就会释放出来，让人联想到海藻或牡蛎的味道。

以二甲基硫为觅食线索的鹱形目鸟类意外吞食塑料的可能性是其他物种的5倍。二甲基硫可能是食物的可靠指标，所以企鹅也会被它所吸

引。在大海中，使用二甲基硫作为远程捕鱼信号的缺点在于，聚集在废弃塑料表面的各类微生物也经常产生这种气体。人类每年向海洋倾倒约800万吨塑料。而生物学家也始终感到困惑：为什么有90%左右的海鸟会吞食塑料？在一项实验中，生物学家将三种常见的塑料放置在海里；三周后，塑料表面累积的二甲基硫的浓度足以引来饥饿的鹱形目鸟类。然而，有些物种似乎并不使用二甲基硫作为指示气体，但仍然死于吞食过量塑料，比如黑背信天翁（*Phoebastria immutabilis*）。

上图

新大陆的秃鹫（比如图中的红头美洲鹫，它们在美国被称为“秃鹰”）和旧大陆的秃鹫过着同样的食腐生活。

冬天的食物

生活在高纬度地区的人们经常会提到，在漫长、黑暗、沉闷的冬天里，他们更容易受到酒精的诱惑。也正是在这些地方，我经常遇到一些醉倒的鸟类的尸体。有一次，一群太平鸟（*Bombycilla garrulus*）从美国花楸（*Sorbus americana*）上吃掉了大量发酵的浆果，然后撞到了建筑物上。

太平鸟总是过着四处流浪的生活，会在任何一个能找到浆果的地方结成浩浩荡荡的鸟群。而坦氏孤鸫（*Myadestes townsendi*）选择了另一种策略——在整个冬天里守卫一小片浆果丛。雄鸟和雌鸟都通过鸣唱来宣示领地，而每一块领地都包含几丛珍贵的刺柏（*Juniperus*）。在冬天听到鸟鸣是很不寻常的，但更不寻常的是同时听到雌雄两性的鸣唱。因此，在北美西部的山区，这种美洲鸟类的悠扬歌声值得我们驻足聆听。

在冬天远离饥饿的另一个策略是贮藏食物。采取这种策略的鸟类，比如山雀，会在每年秋天发育自己的海马体（大脑中负责空间记忆的部分）。这仿佛是一个可移动的外置硬盘，当个体需要额外脑容量的时候便用它来存储数据。然而，如果一个种群需要贮藏更多的食物，那自然选择也可能会扩大它们的硬盘空间。一项研究对数千只山雀进行了终身监测。根据监测结果，生物学家发现，生活在高海拔地区的山雀会经历更为严酷的冬天，它们的海马体比生活在低海拔地区的个体更大。这些高海拔地区的鸟类也更擅长空间智商测试，比如学会判断哪个喂食器提供的奖励最多。

虽然大多数北美白眉山雀（*Poecile gambeli*）的寿命只有1.5年，但也有一些能活到7岁。而且，年长的山雀并不见得比年轻的记性好。然而，与记忆力较差的同龄个体相比，在空间记忆测试中表现较好的幼鸟更有可能度过第一个冬天。

目前的主流观点，是新陈代谢率较高的小型鸟类在冬天的大部分时间里都处于“经济威胁”的状况下，并且已经进化出各种各样的行为策略来应对寒冷，比如游荡觅食的生活方式或季节性增强的空间记忆。

对页图

北美白眉山雀以植物的种子为食（上图）。蓬松的羽毛可以用来抵御严寒，又被称为竖毛。

为未来做规划

对页图

西丛鸦（*Aphelocoma californica*）是鸟类心理学界的明星。实验表明，它们能进行精神上的时间之旅。

下图

在加利福尼亚州，一只雄性橡树啄木鸟正从"粮仓"里取出一颗橡子。这么丰富的食物库存会招来其他群体的垂涎，而规模较大的群体更善于收集和保卫食物。

有些鸟类将食物的贮藏提升到了另一个复杂的水平。北噪鸦（*Perisoreus infaustus*）和灰噪鸦（*Perisoreus canadensis*）会用一种特殊的黏性唾液把一块块食物固定在树皮底下，为冬天打造一个公共贮藏室。当空间资源短缺的时候，一些完全成年的个体会推迟离开亲鸟领地的时间，或者加入另一个拥有既定领地的家庭。这些"寄人篱下"的个体可以帮助主人收集和贮藏食物。

同样地，橡树啄木鸟（*Melanerpes formicivorus*）的一些种群也会组成群体，共同繁殖、贮藏和守卫橡子。它们将橡子"锤"进树皮上的洞里，而且大小必须刚刚好。适合贮藏橡子的树非常稀少，所以需求量很大。因此，橡树啄木鸟的群体必须足够大，才能守卫自身的资源，免受邻近群体的攻击。

丛鸦（*Aphelocoma coerulescens*）也以群体的形式繁殖。然而，它们并不贮藏食物，而是守卫大面积的领地，以作为艰难时期的保障。这种鸟类需要恰到好处的火况[1]来获取它们所食用的橡子和节肢动物。领地的面积越大，就越有可能同时包含刚被烧毁和正在恢复的橡树。二者的占比形成适当的组合，就能保证丛鸦在多年里都有足够的食物。不过，如此庞大的领地规模使得刚刚成年的丛鸦几乎无法建

1 火况指一个地区长期发生的丛林或森林火灾的模式、频率和强度。——译注

立自己的家园。成年后的丛鸦总是留在家中，帮助它们的父母抚育下一代——不仅是因为它们无法拥有自己的住所，也因为它们将继承家族的一部分领地。

西丛鸦也会为困难时期进行食物储备，但它们对心智能力的展示或许是最令人印象深刻的。在实验室里，尼基·克莱顿和她的同事已经证明了这些鸟类能够在精神上进行时间之旅。他们首先拿出两种类型的食物供西丛鸦贮藏，然后在它们有机会取出食物的时候进行评估。西丛鸦会率先食用美味但容易腐烂的蜡蛾幼虫。如果心爱的蜡蛾幼虫已经过了"保质期"，同一只西丛鸦个体就会直奔保存较好但味道较差的花生。换句话说，西丛鸦不仅记住了食物的贮藏位置，还知道每个位置存放的食物类型及保存的时间。

喂食器的反馈

喂食器对鸟类的行为和进化产生了巨大的影响，尤其是在美国和英国。康奈尔鸟类学实验室开展了一项公民科学活动，名为“喂食器观察项目”。他们已经收集了足够的数据，表明一些鸟类的活动范围正在向北扩大，比如主红雀（*Cardinalis cardinalis*）。这可能是因为人类额外地为它们补充了食物。更不可思议的是安氏蜂鸟（*Calypte anna*）；它们的活动范围从加利福尼亚延伸到了俄勒冈和华盛顿，并跨过不列颠哥伦比亚省，到达了阿拉斯加。

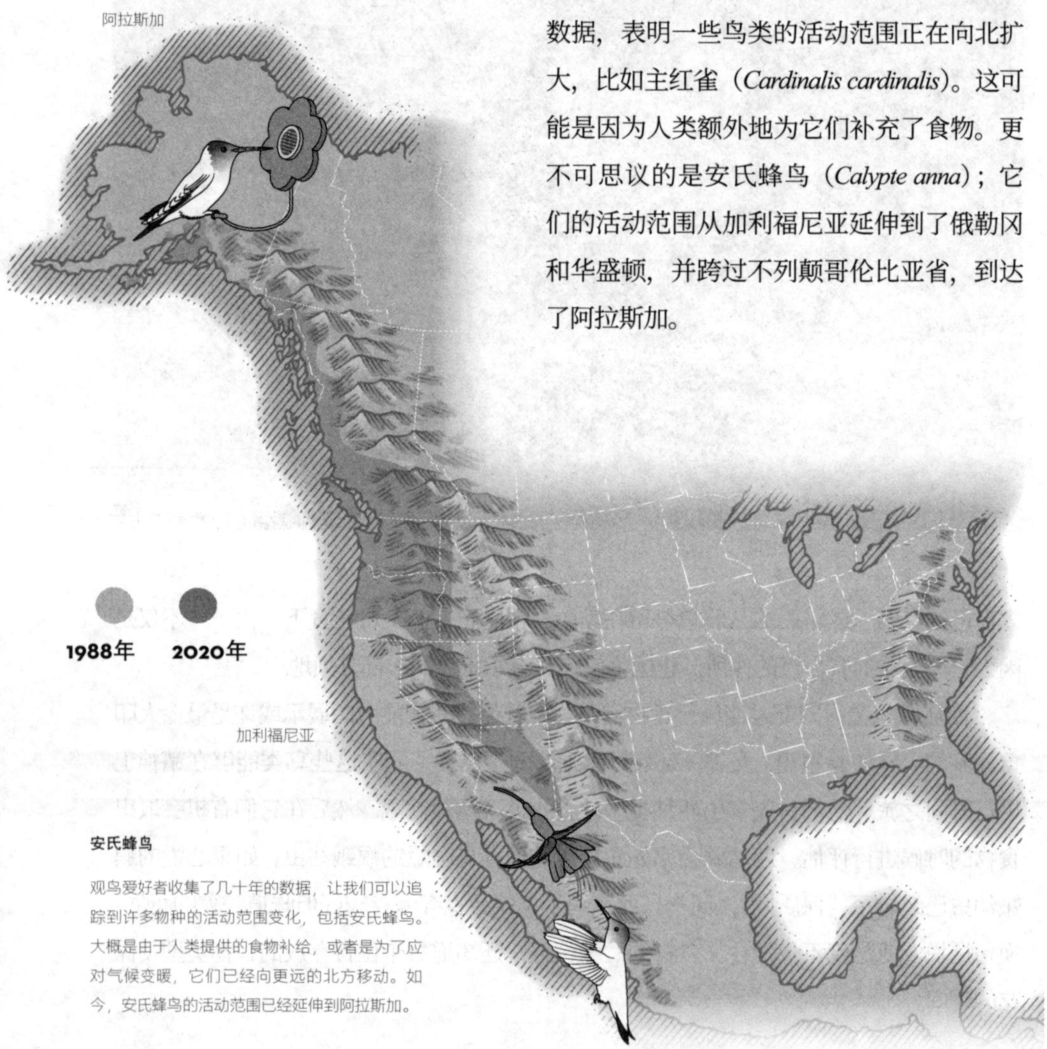

安氏蜂鸟

观鸟爱好者收集了几十年的数据，让我们可以追踪到许多物种的活动范围变化，包括安氏蜂鸟。大概是由于人类提供的食物补给，或者是为了应对气候变暖，它们已经向更远的北方移动。如今，安氏蜂鸟的活动范围已经延伸到阿拉斯加。

该项目还发现，喂食器上出现了一些有趣的层次结构。在136种鸟类中，体重较大的物种往往占据优势地位。但也有例外，比如一些莺类、蜂鸟和拟鹂会想方设法地凌驾于体型较大的鸟类之上。绒啄木鸟（*Dryobates pubescens*）的体型虽小，但特别具有攻击性。生物学家怀疑，这或许是因为它们看起来很像体型更大的远亲长嘴啄木鸟（*Leuconotopicus villosus*），所以其他鸟类才会受到误导，为它们让路。不过，鸠鸽、鸦和蜡嘴雀的体型也比较大，但它们并不像预想中的那么强势。

英国人对鸟类的喜爱远近闻名。他们花在鸟食上的金钱是整个欧洲大陆总和的2倍。目前在英国，有超过50%的花园装有喂食器。一项研究统计了1973年至2012年的英国鸟类数量，结果表明，在过去的40年里，喂鸟成为一项越来越受欢迎的活动。随着商业的发展，以及食物种类的增加，越来越多的鸟类被喂食器所吸引。该研究发现，不光顾喂食器的鸟类在种群数量上变化不大，但红额金翅雀（*Carduelis carduelis*）、大斑啄木鸟（*Dendrocopos major*）、斑尾林鸽（*Columba palumbus*）、北长尾山雀（*Aegithalos caudatus*）和黑顶林莺（*Sylvia atricapilla*）等频繁造访喂食器的鸟类都有所增加。不仅如此，喂食器还为猛禽引来了许多唾手可得的猎物，甚至连雀鹰（*Accipiter nisus*）和其他鹰属（*Accipiter*）鸟类的数量都因此而增加了。

有趣的是，英国人对喂食器的钟爱可能已经人为地选择出喙更长的鸟类，从而令频繁造访喂食器的个体更容易获取鸟食。以大山雀（*Parus major*）为例，英国的个体与欧洲大陆的差异很大，被人们分为两个亚种；其中，英国的大山雀明显拥有更长的喙。为了寻找这一差异的成因，生物学家对英国和荷兰的大山雀进行了基因比对。由于胶原是喙发育的关键成分，他们将范围缩小到了有助于产生胶原的基因。值得注意的是，就这段基因而言，荷兰和英国的大山雀各自拥有不同的版本。

几十年来，牛津大学的生物学家在附近的怀特姆森林进行研究，对林中的大山雀进行了细致的监测。目前收集到的数据表明，随着鸟类喂食器的风靡，这一种群的大山雀在26年里进化出了更长的喙。他们还发现，就这一英国种群而言，个体在染色体复制的过程中重复了这段有助于产生胶原的基因，从而发育出更长的喙；这样的大山雀更有可能造访喂食器。而没有重复这段基因的个体在喂食器上花费的时间较少。上述结果表明，每当给鸟类喂食，我们可能不仅改变了它们的食性，还改变了它们的行为，并最终促进了它们的进化。

觅食经济

马来西亚热带雨林中的鸟浪

混合鸟群经常在一起觅食，也常被人们称为鸟浪。当用于警惕危险的耳目增多时，每一只鸟都能从群体中获益。不过，大盘尾（*Dicrurus paradiseus*，3）充当哨兵的概率更高，可能是因为该物种更喜欢停栖在开阔的地方捕捉飞虫。与大盘尾混群的鸟类有栗头鹟莺（*Phylloscopus castaniceps*，1）、蓝绿鹊（*Cissa chinensis*，2）、蓝䴓（*Sitta azurea*，4）和冕雀（*Melanochlora sultanea*，5）。

鸟类经常在混合群中觅食。当它们浩浩荡荡地穿过森林，观鸟爱好者也会称其为“鸟浪”。在热带地区，这种集群觅食的现象全年都会出现；但在温带气候下，它在冬季最为显著。随着群体规模的增大，鸟类必须在竞争和吸引捕食者的成本，与利用社会信息（如跟随群体）寻找食物和共同警惕危险的收益之间保持平衡。

在牛津大学附近的怀特姆森林中，青山雀、大山雀和沼泽山雀（*Poecile palustris*）就是特别好的例子，说明了混群觅食的鸟类如何做出对自身有利的经济决策。与其他的山雀近亲一样，这三个物种会在发现食物后鸣叫示意。这种社交信号超越了物种的界限，从而提高了它们在冬季的觅食效率。

清晨，混合鸟群的规模尚且较小。而生物学家发现，混群鸟类在此时的鸣声最为响亮。广泛传播的鸣声引来了更多的成员，它们共同警惕捕食者的威胁。新成员则借助当地的信息网络来寻找食物。

然而，鸣叫示意是有风险的——它同样会吸引捕食者。在当天晚些时候，生物学家回放了“食物召集令”，发现这群山雀仍然会对指示食物的社会信息做出反应。这一现象表明，随着时间的推移和群体规模的增大，鸣叫示意的代价超过了它带来的收益，所以混合鸟群会变得相对安静。但这并不代表食物召集令失去了作用。家麻雀、褐头山雀（*Poecile montanus*）和卡罗山雀（*Poecile carolinensis*）当中也存在类似的情况，这可能是因为随着群体规模的增大，它们吸引捕食者的风险也会增加。所以，当你再次看到正在觅食的混合鸟群时，你可以注意它们的叫声，并猜测它们交流的内容和原因。

心灵手巧的鸟类

小鹫（Vultchy）是我最喜欢的鸟之一。它和一些才华横溢的艺术家及生物学家朋友一起住在内罗毕郊区。清晨，它总是乐于分享我碗里的燕麦粥。这确实是一件令人惊讶的事，毕竟白兀鹫（*Neophron percnopterus*）是以吃蛋而闻名的。1969年，珍·古道尔在《自然》期刊上发表了一篇关于石器使用的文章，其中的主角并不是黑猩猩（*Pan troglodytes*），而是小鹫和它的朋友们。白兀鹫擅长利用石头来砸开鸵鸟的卵壳。而另一种猛禽——澳大利亚的黑胸钩嘴鸢（*Hamirostra melanosternon*）独立想出了用石头砸碎鸸鹋（*Dromaius novaehollandiae*）卵壳的方法。

对页图

作为一种鸟类，白兀鹫是最早被记录在案的工具使用者之一。图中这只白兀鹫正试图用石头砸开鸵鸟卵。

上图

拟鴷树雀属于达尔文地雀之一。在加拉帕戈斯群岛，它们能利用小木棍作为工具，在树皮中寻找昆虫。

在野外，很少有鸟类惯于使用工具。加拉帕戈斯群岛的拟鴷树雀（*Camarhynchus pallidus*）恰如其名，经常像啄木鸟一样觅食。然而，它们也会折断尖锐的细枝或仙人掌刺，从树皮的裂缝中撬出昆虫。这种使用工具的行为似乎是所有年幼的拟鴷树雀自己学会的。从目前的证据来看，使用工具的成年个体似乎不能加快幼鸟的学习进程。

相比之下，新喀鸦（*Corvus moneduloides*）可以称得上是最聪明、最灵巧的鸟类，它们拥有足够的社会学习能力来发展不同的工具文化。狭长的露兜树（*Pandanus*）叶子是新喀鸦在野外使用的工具之一。它们用喙撕扯树叶，将其塑造成需要的形状。在新喀里多尼亚岛的不同地区，新喀鸦制作的工具至少有三种完全不同的样式，而且与环境之间没有明确的关系。

我们该如何确定这些地区性的工具制作方式是文化的产物呢？生物学家对此感到十分困惑，因为新喀鸦并不会直接模仿彼此的动作。最近的一项实验表明，新喀鸦一边观察着同伴的行为，一边想象着最终期望的成果。于是，它们无须模仿生产过程，就能够复制出同样的设计。

岛屿生活所激发的独创性

关于新喀鸦构思解决方案的能力，最著名的案例莫过于贝蒂所演示的实验。在牛津大学的实验室里，它将一根笔直的铁丝弯成钩状，并取出一只水桶。这段火爆的视频显示，它没有经过任何尝试、没有出错就成功了，然后它的同伴亚伯趁虚而入，偷走了战利品。最近的实验向新喀鸦提供了一些短棍，这些短棍可以像乐高积木一样组合在一起。结果表明，新喀鸦仅仅是看了一眼，就立刻意识到自己需要一件更长的工具来获取食物，于是把短棍拼在了一起。

科学家还知道，同样来自太平洋岛屿的另一种乌鸦也会制造工具。夏威夷乌鸦（*Corvus hawaiiensis*）的创新能力不如新喀鸦，但在一项圈养繁殖计划中，一旦有机会，超过90%的个体能将木棍改造成工具。与新喀鸦一样，它们有着异常笔直的喙和非常灵活的双眼；生物学家推测，这种特征就像鸦科世界里的对生拇指。夏威夷乌鸦和新喀鸦的亲缘关系非常远，而且从进化上看，它们的近缘物种也都不会制造工具。因此，人们认为，这两种生活在岛屿上的乌鸦是独立进化出这种心智能力的。你可能会问：为什么来自太平洋岛屿的乌鸦如此聪明呢？或许，在摆脱了捕食者的威胁，获得了相应的高热量饮食之后，这种发明创造的智慧才得以自由发展。

尽管如此，还是有许多鸟类展现出了操纵物品的才能。几十年来，动物行为学教科书中总少不了青山雀吃奶皮的故事——它们频频光顾人类家门口的台阶，揭开奶瓶上的锡箔纸，并把顶部凝结的奶皮吃掉。最近有报道称，悉尼的葵花鹦鹉（*Cacatua galerita*）会打开垃圾箱；日本的乌鸦在十字路口利用来往的车辆碾碎坚果，并在行人过马路时从容进食。所以，即便你不是太平洋岛屿的居民，你也可以观察周围正在进食的鸟类。它们很可能正在发明一个新把戏。

对页图

新喀鸦会在野外制造各种各样的工具。在新喀里多尼亚岛的不同地区，其中一些工具似乎遵循着特定的风格。

2

社 交 的 鸟 类

A SOCIAL BIRD

右图

就像本属的其他物种一样，紫冠细尾鹩莺（*Malurus coronatus*）是合作繁殖者。在这种繁殖方式中，占优势地位的亲鸟会得到“巢中助手”的协助，而这些助手有可能会偷偷繁殖。

身体与社交智慧

通常，人们认为鸦科是最聪明的类群之一。从各种逸事和实验当中可知，噪鸦、寒鸦、喜鹊、乌鸦、星鸦、渡鸦（*Corvus corax*）和秃鼻乌鸦（*Corvus frugilegus*）都会做出许多令人惊讶的事情，比如改变水位、互相欺骗、玩耍嬉戏和为死者哀悼。

为何鸦科鸟类会如此聪明呢？对此，有两种互不排斥的解释。它们与对人类智力的假设具有惊人的相似性。一种解释认为，寻找和贮藏食物的过程选择了制造工具与记忆细节的能力，比如在何时何地储存了什么食物。这一过程还有助于提前规划。通过灵活地改变觅食行为，渡鸦对自我控制能力进行训练，以期待未来出现不同的奖励。

另一种解释认为，为了与其他个体打交道，社交生活有时会导致多种心理适应。这些技能包括跟随另一只鸟的目光、回忆另一只鸟在哪里储存过食物，以及通过行为预判来欺骗可能存在的“小偷”。

当另一只鸟在场时，西丛鸦、松鸦（*Garrulus glandarius*）和渡鸦都会把自己的食物藏在不透明的屏障之后，这说明它们知道有潜在的“小偷”正在注视着自己的一举一动。此外，当发现自己被更占优势的个体盯上后，渡鸦和西丛鸦会返回贮藏地移动食物，以免遭到偷窃。但如果是伴侣或地位较低的个体在场，它们就不会这么做了。相比之下，从来没有偷过别人食物的西丛鸦就不会这么警惕，也不会通过移走食物来迷惑偷窃者。

鸦科并不是唯一具有高智商的群居鸟类。在东半球，有一些物种是合作繁殖者。种种迹象表明，它们具有灵长类动物一般的高情商。2019年，生物学家发现阿拉伯鸫鹛（*Argya squamiceps*）在野外运用了一种能力，即心理学家所说的“联合注意”。这意味着一只鸟可以把另一只鸟的注意力引向它们共同感兴趣的东西。

阿拉伯鸫鹛至少会在两种截然不同的情况下运用“联合注意”。其中一种被称为“引路”，即负责看护幼鸟的成年个体发出紧急转移位置的指示。成年个体挥动双翼、发出鸣叫，然后转身跳向预定的目的地。幼鸟一般是不会追随看护者的；但在“引路”的作用下，它们跟在对方身后，有时还会更早地抵达目的地。若是幼鸟不听话，看护者会不断地回头查看，跳回来重复挥舞翅膀的动作，然后再跳开，直到幼鸟跟上。“联合注意”的另一种用途是安排成年个体间的约会。

食物小偷

与其他群居的高智商鸦科鸟类一样，松鸦如果知道自己被监视了，就会把食物藏到不透明的屏障之后。

破坏关系

我们都很清楚强强联合的优势所在。而个别渡鸦会记住并监控其他个体的关系，有时甚至会阻挠刚配对的“夫妻”，以减少未来的竞争。

与大多数鸣禽不同，渡鸦、秃鼻乌鸦和寒鸦终生奉行一夫一妻制。配对后的个体相伴多时，通过越来越多的互利行为强化夫妻间的关系，比如互相整理羽毛和玩耍，或以夫妻的身份参与优势炫耀行为。当与其他个体发生冲突时，已婚夫妇也会互相支持，安慰落败的配偶，或与获胜的配偶一起庆祝。就像人类手牵手一样，在配偶发生社交矛盾后，这些鸦科夫妇用喙相互盘绕。它们也会用整理羽毛和提供食物的方式来为紧张的配偶提供精神支持。

渡鸦社会的阶级划分

- 建立领地的繁殖伴侣
- 没有繁殖领地的亲密伴侣
- 随意配对的伴侣
- 没有配偶的个体

渡鸦生活在具有等级制度的社会中，而个体的社会地位取决于一段稳定的、长期的繁殖关系。权力、地位与财富（即领土和对食物的获取）直接挂钩。

一对渡鸦夫妇可能需要花费数年的时间才能成为拥有领地的繁殖伴侣，在渡鸦的社会顶层分享权力。在拥有领地的伴侣之下，是一些没有繁殖领地的亲密夫妇。而在它们之下，还有一些随意配对的情侣，这些情侣正处于关系最为脆弱的阶段。单身的渡鸦处在社会最底层，从未与另一只个体重复进行配对行为。对于生物学家和渡鸦来说，配对行为的持续时间以及付出和索取的平等程度，是衡量一对夫妇稳定性和地位的可靠标准。

上图

要破坏一段刚刚萌芽的配对关系，可能需要一系列侵略性行为，并升级为一场打斗。破坏者可以简单地插足一对已经建立并正在强化关系的伴侣，也可以咄咄逼人地干扰随意配对的伴侣；导致后者“分手”的可能性是前者的2倍。

当关系不太稳固的伴侣开始积极地互动时，占优势地位的伴侣，尤其是那些已经建立领地的夫妇就会从中作梗。随意配对的伴侣是最容易被针对的目标，但没有人会去阻挠刚开始和新对象约会的单身人士。大约有一半的伴侣被这种破坏拆散了。有时，伴侣们会设法反击，驱逐破坏者。但在其他时候，反抗徒劳无功，它们要么分别留下，要么一起飞走。

干涉一对已经建立关系的伴侣并不能带来直接的好处——破坏者往往要付出激烈打斗的高昂代价。然而，当随意配对的伴侣处在最脆弱、最容易被拆散的关系阶段时，它们就会成为被攻击的主要目标。这一事实表明，渡鸦有策略地将其他同盟扼杀在萌芽状态，以维护自己的社会地位。从长远来看，这将给它们带来更大的利益。

社会性的差异

尽管所有的鸦科鸟类都具有社会性，但无论是在物种之间还是在物种内部，群体的大小和结构都有很大的区别。这反映了鸟类当中存在的普遍差异。与占据大片领地、具有高度领域性的渡鸦不同，秃鼻乌鸦、寒鸦和蓝头鸦（*Gymnorhinus cyanocephalus*）等群居性乌鸦生活在流动性更强且不断分分合合的社会当中，类似于灵长类动物，比如黑猩猩。

相比之下，其他鸦科鸟类有着完全不同的社会结构，比如丛鸦。作为合作繁殖者，它们不会以核心家庭的形式紧密地聚集于栖息地当中，而是在合作的小团体里生活和繁殖，并且至少有一只不繁殖的成鸟在巢内充当帮手。生物学家认为，群居生活与合作繁殖这两种主要的社会结构，是通过不同的途径独立进化而来的。像秃鼻乌鸦这样的群居物种，犹如在城市街区中相邻而居的人类核心家庭。而像丛鸦、黄嘴山鸦和墨西哥丛鸦（*Aphelocoma wollweberi*）这样的合作繁殖者，仿佛是生活在辽阔庄园的大家庭。繁殖个体与非繁殖个体相伴，后者辅助前者进行育雏、鸟巢维护和防御。

其他的合作繁殖者会根据环境恶劣程度来改变自身的社会制度。在郁郁葱葱的加利福尼亚州中央山谷，西丛鸦成对生活，并伴有一个还未找到领地的后代。但在气候恶劣的墨西哥部分地区，西丛鸦生活在有多个帮手的大家庭中，就像它们的近亲——进行合作繁殖的墨西哥丛鸦一样。

同样地，西班牙干旱地区的小嘴乌鸦（*Corvus corone*）会进行合作繁殖，而瑞士的不会。这种差异正是由于艰难的环境条件而产生的；一旦瑞士的小嘴乌鸦被调换到西班牙，它们的卵就会适应养父母的社会系统。

在社会复杂性的另一个极端，差异依然存在。生活在欧洲的喜鹊形成了均匀分布的领地，伴侣们全年都在各自的领地觅食和繁殖。相比之下，北美的种群会一同筑巢和觅食，伴侣们只在繁殖季使用自己的领地，而非全年占有专属领地。黄嘴喜鹊（*Pica nuttalli*）是一种仅发现于加利福尼亚州的独特物种；它们的群居性更强，配对的伴侣常年生活在群体当中。

下图

在丛鸦中，占优势地位的伴侣由其他的成年个体协助繁殖（主要是其成年的雄性后代）。帮手们待在家里照顾雏鸟和保卫领地。

社会性记忆

就生活在社会中的人们而言，对其他个体的识别尤为复杂。试想一下，你在不同情境中认识多少人？对他们的熟悉程度又是怎样的？在同一个群体的成员中，短嘴鸦（*Corvus brachyrhynchos*）和黑背钟鹊（*Gymnorhina tibicen*）学会了识别彼此的声音，以区别其他群体的成员。合作繁殖的群体之间存在着竞争，与人类部落十分相似；它们会在鸣声中加入独特的标志。墨西哥丛鸦正是利用鸣声来区分属于不同群体的个体。生物学家对鸟类个体进行了录音回放的实验，结果发现，比起自身所在的群体，墨西哥丛鸦对邻近群体的成员鸣声反应更快、更频繁。这一现象不由得让人们想起《罗密欧与朱丽叶》——对于凯普莱特家族的侵犯和嘲讽，蒙太古家族会迅速地展开调查。

令人惊讶的是，在一个复杂的社会里，发达的大脑并不总是必需的。鹫珠鸡（*Acryllium vulturinum*）与鸡形目（Galliformes）的大多数物种一样，智力不甚突出，总是成群结队地移动，规模可达60只以上。在肯尼亚山北部的姆帕拉研究中心，我经常在鹫珠鸡成群活动的声响中醒来。我曾以为，这些鸟只是松散地组成一支队伍，并喜欢集中在房屋附近觅食。

2019年，马克斯·普朗克研究所的研究人员监测了鹫珠鸡个体的活动。结果出乎所有人的意料：在每支松散的队伍中，鹫珠鸡其实是以一致的、多层次的社会组织形式来觅食和休憩的。这些队伍的基本要素是稳定的核心群体，它由几对繁殖伴侣和帮手组成。在几个月的时间里，每个群体都会不断地跟自己更中意的群体聚集在一起，就像人类家庭定期聚餐一样。过去，生物学家认为只有大脑发达的动物才有能力形成这种复杂的层级社会，比如乌鸦、鸫鹛或灵长类。然而，鹫珠鸡向我们展示，即使是生活在后院的禽类也能识别多个个体——不仅是在它们各自的核心群体中，在其他的群体里亦是如此。

对页图

令人惊讶的是，非洲东北部的鹫珠鸡善于追踪多个家庭群体之间的社会关系，哪怕这些群体的联系较为松散。鹫珠鸡成鸟的眼睛是红色的，而亚成鸟的眼睛是黑色的。

卵的投入

与种间关系一样（见第一章），物种内部的互利和偏利关系之间存在着微妙的界限。中美洲的犀鹃也是群体繁殖者，但其中的过程有些曲折。不同于群居的鸦科鸟类，几对犀鹃会共享一个鸟巢。也不同于丛鸦或小嘴乌鸦的家庭式合作繁殖，犀鹃的公共鸟巢没有来自非繁殖个体的协助。

圭拉鹃（*Guira guira*）、大犀鹃（*Crotophaga major*）、沟嘴犀鹃（*Crotophaga sulcirostris*）和滑嘴犀鹃（*Crotophaga ani*）都属于新大陆杜鹃亚科，拥有非常相似的社会结构。这四个物种都是共同筑巢的，而雌鸟会想方设法地破坏彼此的繁殖企图，以便为自己的卵腾出更多空间。但是，窝卵数过多会降低孵化的效率，从而减少孵化的成功率，这对大家来说都不是一件好事。

对页图

三种犀鹃都采取共同筑巢的繁殖方式——多对伴侣共享一个鸟巢，分担养育后代的职责。图中的大犀鹃就是其中之一。

尽管这种竞争的结果是更为同步的产卵时间和更加平等的产卵机会，但是个体付出了巨大的代价。雌鸟似乎遵循着“一旦我开始产卵，就不再把卵扔出鸟巢”的经验法则，以免误杀自己的孩子。结果令大家损失惨重。尤其是第一只产卵的雌鸟，它会因为其他雌鸟而输掉大部分的卵。而最后开始产卵的雌鸟无须承担这样的风险，有最充足的时间来妨碍其他雌鸟。

对于犀鹃来说，产卵的代价是非常高的。每一枚卵占雌鸟体重的15%~17%，为了弥补卵的损失而产更多的卵会缩短雌鸟的寿命。滑嘴犀鹃的雌鸟往

往是单独或与另一只雌鸟共同筑巢的，每个繁殖季平均产5~6枚卵。但在大型的繁殖群中，最先产卵的4~5只雌鸟为了弥补损失而不得不产更多的卵，其数量可多达13枚。

在弃卵这件事上，波多黎各的滑嘴犀鹃更为极端。它们选择把卵埋在鸟巢底下。生物学家只有等到滑嘴犀鹃繁殖结束，才能拆除庞大的鸟巢，找出嵌在底部树枝中的卵，计算它们的数量。还有迹象表明，不同于雌鸟把卵扔到巢外，滑嘴犀鹃的埋卵行为是雌雄共同参与的。

群体越大，产生的冲突和浪费就会越多，因为雌鸟必须产下大量额外的卵来弥补被掩埋的损耗。在滑嘴犀鹃的巢中，每多一只雌鸟，卵的平均数量就会增加9枚。一只单独筑巢的雌鸟最多产7枚卵，而共同筑巢的4~5只雌鸟最多能产55枚卵。最后的结果是，在较大的繁殖群中，每只雌鸟孵出的后代更少，雏鸟的死亡率也更高。

生物学家测量了滑嘴犀鹃尾羽中的激素，发现大型群体的成员在繁殖季具有最高的应激激素水平。

亲属间不平等

在某些物种中，群体成员的繁殖机会相对均等。有些物种则不然，这也导致了不同程度的内部冲突。

DNA（脱氧核糖核酸）指纹分析显示，滑嘴犀鹃与其他两种犀鹃存在些许差异，即该物种的部分亲属属于同一个繁殖群。雄鸟的繁殖机会也是最不平等的，占据优势地位的雄鸟所繁殖的后代明显多于其他雄鸟——这可能是通过群体内的“婚外配”实现的。雄性滑嘴犀鹃也具有跟配偶一同丢弃和埋藏鸟卵的独特行为。事实上，这种情况不足为奇。在整个群体中，占优势地位的雄鸟通常每天晚上都要“值班”，承担最危险和劳动强度最大的孵卵工作。

对页图

图为一群沟嘴犀鹃，从左到右分别为亚成鸟、成年雌鸟和成年雄鸟。与其他犀鹃一样，沟嘴犀鹃的繁殖伴侣共享一个鸟巢。

在哥斯达黎加，沟嘴犀鹃的优势雄鸟为夜间执勤付出了高昂的代价——在这段时间里，它们最有可能丧命于捕食者之口。与滑嘴犀鹃不同，这些优势雄鸟所繁殖的后代只占总体的一小部分。于是，它们不得不把多数的赌注都押在其配偶的地位上。三分之二的优势雄鸟选择与最后产卵的雌鸟配对。这样一来，它们就能扔掉其他伴侣的卵，主导整个鸟巢。而剩下三分之一的优势雄鸟押错了宝，与最早产卵的雌鸟交配。这类伴侣通常是群体的“新移民”，且雌鸟的地位比它的配偶低。在这种情况下，雌鸟会试图强迫整个群体重新筑巢，以改变产卵的顺序。如果行动失败，雌鸟或这对伴侣就会离开群体。

在其他时候，当群体中最年长的雌鸟更换配偶，转而与刚迁入的优势雄鸟配对时，沟嘴犀鹃的繁殖群就能达到稳定。雄鸟的优势地位在很大程度上取决于年龄，而雌鸟通过炫耀行为来建立它们的产卵顺序，比如侧身排成一排，展示各自威风凛凛的身躯和厚重的喙，同时发出响亮的“叩”声。最后产卵的雌鸟通常是喙最高挺的那一只。

巴拿马的大犀鹃是三个物种当中最公平的——这可能是因为它们通常不与其他群体成员分享基因层面的投入。因此，具有繁殖能力的成员难以容忍后代数量的不平等。与其他犀鹃不同的是，大犀鹃几乎总是在不同的筑巢过程中改变产卵的顺序。比起普通的雄鸟，优势雄鸟也不会拥有更多的婚外配后代。滑嘴犀鹃的繁殖过程充斥着剑拔弩张的气氛和大量的浪费，但大型群体中的大犀鹃个体反而能养育更多雏鸟，原因是防御的加强减少了鸟巢被入侵的概率。尽管优势雄鸟依然为整个群体担任着夜间孵卵的工作，但它们似乎不需要面临与沟嘴犀鹃相同的风险。

从合作到冲突

在怎样的情况下，共同筑巢的合作繁殖会演变成巢寄生现象呢？巢寄生即繁殖者轻易地将自己的卵交给其他个体照顾，从而逃避所有的亲代抚育工作。犀鹃的一些亲缘物种具有这样的寄生行为，比如闻名遐迩的大杜鹃（*Cuculus canorus*）；但犀鹃并不会专门在其他物种的巢中产卵。然而，有些大犀鹃确实存在相互寄生的现象。

生物学家克里斯蒂娜·里尔用棉签擦拭大犀鹃卵的表面，对它们进行了母系关系测试。她发现，40%的巢中都有来自其他群体的雌鸟所产的卵。通过巢寄生，伴侣可以在不做任何贡献的情况下获得额外的后代。然而，大犀鹃有一个妙计，可以识别寄生的卵，并在它们危及自身的孵化成功率之前将其扔到巢外。

大犀鹃的卵表面覆盖着一层灰白色的外膜。这层外膜会在孵化开始后的几天里逐渐消失，露出美丽的蓝色卵壳。而来自群体外部的寄生者倾向于在孵化开始的几天后产卵，导致一窝蓝色的卵中出现一颗不合时宜且极为显眼的白色卵。为此，里尔进行了一个巧妙的实验——将不同鸟巢中的卵对调，结果发现，大犀鹃总会扔掉与窝中其他卵不匹配的外来卵。在现实的案例中，大犀鹃会排斥一窝蓝色卵中的白色卵，也会排斥一窝白色卵中的蓝色卵。事实上，只要卵的颜色不匹配，寄主甚至会排斥自己的卵。

上图

图为处于不同发育阶段的大犀鹃卵。首先，它们被一层灰白色的外膜所覆盖；当卵在孵化过程中被不断移动后，这层外膜就会逐渐消失。

左图

图中的大犀鹃巢内共有10枚卵，分别来自3只没有血缘关系的雌鸟。这些卵是刚刚产下的，在孵化开始后会逐渐变成蓝色。

为团结而歌

大犀鹃的社会互动还有更为团结的一面。它们参与到集体合唱当中，这也许是为了让产卵的时间同步。曾经一起筑巢的雌鸟往往能比新来的个体更快地达成同步。同步性的提升降低了产卵的成本，减少了弃卵所导致的浪费，从而使所有个体获得更高的繁殖成功率。相较于迁入新的群体，所有成员在同一个群体中合作数年才是更为有益的选择。当最后一枚或倒数第二枚卵产下后，孵化工作就开始了。所有的成年繁殖个体共同分担这项工作，另外还有一只雄鸟负责夜间执勤。

社会专家

总而言之，大犀鹃个体要么专攻合作，要么专营欺骗，把卵分摊在这两种策略中并不是一个好的选择。大犀鹃的鸟巢经常因为被捕食而繁殖失败，所以，相比于在共同筑巢和巢寄生之间切换的雌鸟，选择单一策略的个体能留下更多的后代。

倾力而歌

鸟类的鸣唱对于配偶和竞争对手来说都是一种信号。接下来的几章将讨论求偶与繁殖。现在，我们先把目光聚焦于宣示领土的鸣唱。雄性棕胁唧鹀（*Pipilo erythrophthalmus*）具有很强的领地意识，能够对邻近个体的鸣唱维持长达数年的记忆。生物学家对棕胁唧鹀雄鸟播放同种雄鸟的鸣唱录音，如果鸣唱来自熟悉的邻居，它不会有什么反应；但如果鸣唱来自不熟悉的雄性个体，它就会立刻开始探查。同样地，黑顶山雀（*Poecile atricapillus*）也会与邻居进行鸣唱的较量；这种行为被称为对唱。

欧亚鸲（*Erithacus rubecula*）与旅鸫（*Turdus migratorius*）都拥有红色的胸脯，也都被人们称为“知更鸟”。雄性欧亚鸲通过领地鸣唱的复杂性来判断竞争对手的身体素质。但在北爱尔兰，一项关于噪声污染的研究表明，城市噪声干扰了欧亚鸲的辨别能力，模糊了其鸣唱中的细微差别，并影响了它们对潜在竞争对手的判断。

鸣唱这一行为并不局限于雄性。雌性主红雀也会利用鸣唱宣示自己的领地，并通过对唱来回应其他的雌鸟。而雄鸟往往会与其他雄性入侵者进行一场打斗。有趣的是，年轻的主红雀雌鸟学习鸣唱的速度是雄鸟的3倍，但雄鸟最终会形成更加一致的鸣唱。在配偶或领地竞争激烈的物种或种群中，

右图

一只棕胁唧鹀用鸣唱来宣示自己的繁殖领地。这种鸟能够记住其他个体的鸣唱，从而区分出自己熟悉的邻居。

对页图

人们普遍认为只有雄性鸣禽才会鸣唱。但事实恰恰相反，雌性主红雀可以通过鸣唱来宣示领地。

或者全年生活在同一片领地时，雌鸟更有可能发出鸣唱。过去，雌鸟的鸣唱似乎没有获得足够的重视。但在某些种群中，雌鸟鸣唱的比例正在上升。20世纪80年代，圣地亚哥的一些灰蓝灯草鹀（*Junco hyemalis*）停止了迁徙；从那以后，生物学家就开始对其进行细致的监测。艾伦·凯特森和她的同事们惊讶地注意到，这些留鸟当中的一些雌鸟是会鸣唱的。因此，他们进行了一项实验，试图找出引发雌鸟鸣唱的因素。小部分雌鸟会用鸣唱来回应雌性入侵者，但这种行为尚未在其他个体身上发现。

让我们追溯到现代鸣禽的共同祖先——它们的雌雄两性可能都是会鸣唱的。后来，许多温带物种的雌鸟失去了鸣唱的能力。严格来说，鸣禽亚目（Passeri）是一类具有复杂发声系统的雀形目鸟类。相比之下，亚鸣禽亚目（Tyranni）的发声系统较为简单，且大部分物种生活在热带地区。目前，大多数关于鸣唱学习的研究都集中于鸣禽亚目，因为亚鸣禽亚目的鸣唱是与生俱来的，几乎不需要任何经验、练习和指导。

音乐机制

对页图

绣眼鸟科是新大陆的一类鸣禽，而灰胸绣眼鸟是其众多物种当中的一员。这一类群的大多数物种都具有独特的白色眼圈。

一直以来，不同文化背景的人们都为鸟鸣着迷。沃尔夫冈·阿玛多伊斯·莫扎特（1756—1791）曾饲养一只椋鸟作为宠物，并在音乐作品中加入了它的鸣唱片段；而现代神经科学的进步也揭示了鸟鸣与人类语言之间的相似之处。

穿梭于岛屿间的灰胸绣眼鸟

灰胸绣眼鸟（*Zosterops lateralis*）最初生活在澳大利亚大陆和一些离岸岛屿，如赫伦岛和豪勋爵岛。从19世纪30年代开始，它们扩散到塔斯马尼亚岛，然后占领了新西兰和附近的其他岛屿。灰胸绣眼鸟的“方言”随着每一次迁移而进化。因此，豪勋爵岛和诺福克岛上的鸣唱由于跨越千年的文化进化而分离，听起来有很大的差异，远远超出了地理距离所能造成的程度。

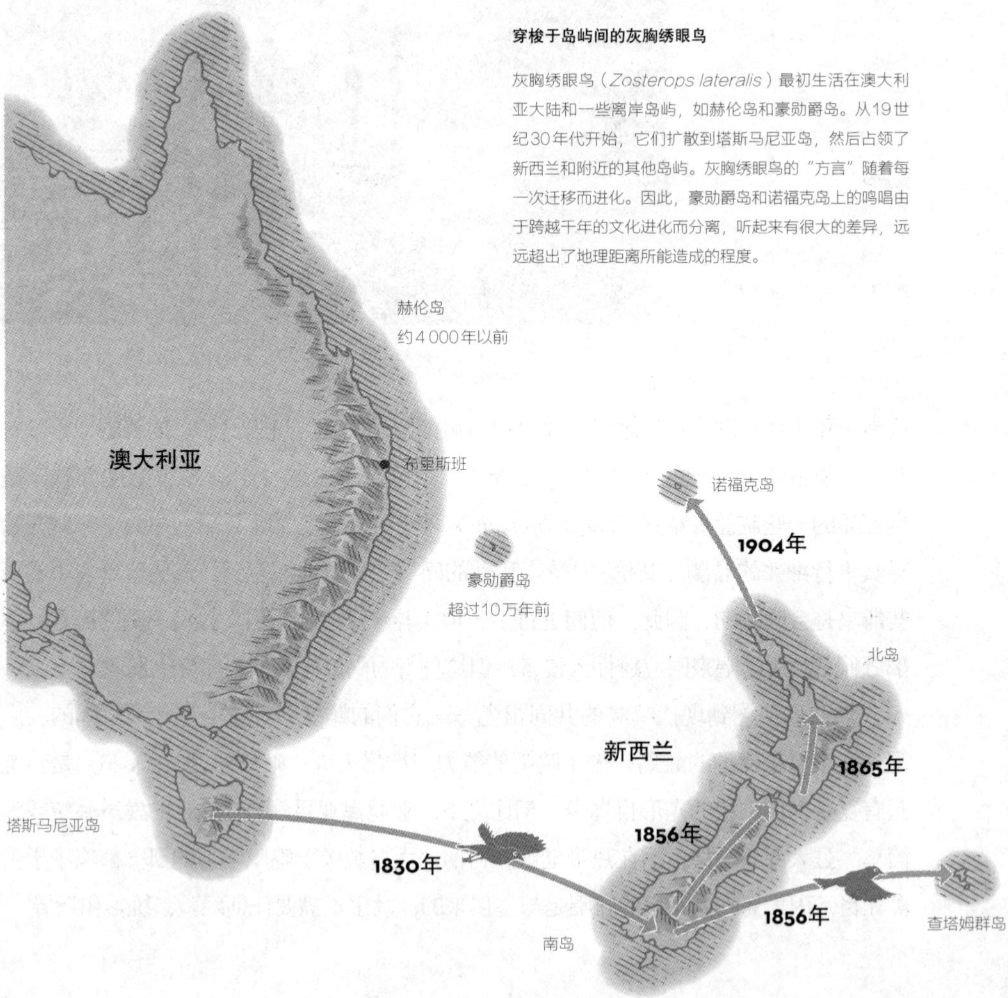

鸣禽亚目的鸣声学习通常分为两个阶段。幼鸟先聆听“导师”（通常是同种个体）的示范，利用“例句”来完善较为粗略的“先天模板”。然后它们开始牙牙学语，直到它们发出的鸣声与心理预期的版本一致。这个过程与人类婴儿学习语言的过程相似——他们或许能够掌握语法结构，但如果没有在特定的发育阶段听到其他人类说话，没有用牙牙学语来筛查出无关的杂音，他们就无法学会说话。这种社会学习也解释了为什么人类和鸣禽都有地域性方言。

鸟鸣可以在对文化和自然选择的反应中进化。灰胸绣眼鸟属于旧大陆的绣眼鸟科（Zosteropidae）；后者是一类灰绿色的小型鸣禽，常作为笼养鸣禽而受到亚洲人的喜爱。灰胸绣眼鸟占领了澳大利亚沿海的一系列岛屿，先是在19世纪30年代抵达塔斯马尼亚和新西兰，最终在1904年扩散到诺福克岛。事实上，灰胸绣眼鸟早已在离澳大利亚更近的岛屿上生活了数千年。就像波利尼西亚人的语言一样，在最年轻的社会里，辅音往往最少（想想夏威夷的单词可以有多长）；而在最年轻的栖息地中，灰胸绣眼鸟的鸣唱音节也是最少的。在不断向新岛屿迁移的过程中，鸣声的复杂性似乎慢慢消失了。然而，这个故事并没有这么简单——最终，岛上的灰胸绣眼鸟似乎又找回了鸣唱的复杂性，这大概是从文化创新当中获得的。

环境塑造鸣唱

此外，在较早的栖息地中，灰胸绣眼鸟重新改造了自己的鸣唱，使其更加符合环境的声学特性。与许多用声音交流的动物一样，鸟类所选择的鸣唱结构往往是在特定环境中最容易被听到的。一如警笛可以轻松地穿透城市噪声，在城市或其他较为封闭的环境中（比如森林里），鸟类总是会发出音调更高、更简单的鸣唱。低音在空气中无法传播太远，而复杂的鸣唱会在繁华都市或茂密森林中被无数的障碍物反射，从而导致失真。这种鸣唱的变化有一部分是习得的，而另一部分似乎是遗传的，并在自然选择的作用下缓慢演变。人类语言也可能会受到声学环境的影响：比起炎热、潮湿和茂密的热带森林，干燥、开阔环境中的辅音更多，因为不同辅音的细微差别在森林中的传播距离有限。

压力下的鸣唱

对于鸣唱发生的机制，我们所知道的大部分知识都来自斑胸草雀（*Taeniopygia castanotis*）。这种鸟原产自澳大利亚，但如今遍布于世界各地的实验室。我们已经了解了其控制记忆和鸣唱发生的大脑区域。我们还知道，这些大脑区域在繁殖季的雄鸟体内更为明显；到了不需要鸣唱的季节，这些区域就会收缩。

最近，生物学家还发现，如果幼年时期缺乏食物，雄性斑胸草雀在记忆“导师”的鸣唱时就会显得较为困难，而成年后的雌鸟在选择配偶的鉴别力上也会低于平均水平。对于雄鸟来说，这种记忆障碍会延续到成年期。其中一个原因是，食物匮乏的压力会导致数百个与鸣声学习相关的基因无法表达。幼鸟的大脑被早期的压力所改写，导致鸣声学习的部分“开关”被关闭了。同样地，因为野生斑胸草雀是高度群居的物种，一个晚上的“单独隔离”足以调低成鸟与社会交流相关的数百个基因的表达。

对页图

人们可以通过橙色的脸颊来区分斑胸草雀的雄鸟和雌鸟。

一对蓝胸佛法僧（*Coracias garrulus*）正在进行二重唱。

二重唱与合唱

在一些鸟类中，鸣唱是一种社会活动，这包括两性都参与的二重唱或者合唱。有证据表明，在棕白苇鹪鹩（*Thryophilus rufalbus*）等物种中，伴侣会利用二重唱来监视自己的配偶。但在大多数情况下，二重唱和合唱都是为了宣示一对伴侣或一个群体的领地。

在冬季，日本的丹顶鹤（*Grus japonensis*）通常会集结成大型的觅食群，但与“没有孩子的夫妇”相比，与成年后代相伴的繁殖伴侣更有可能进行二重唱。二重唱以“威慑式行进”作为开始和结束的信号。在这种行进方式中，伴侣双方都迈着夸张而缓慢的步伐，同时直挺挺地伸着脖子。另外，随着越来越多的个体加入觅食群，二重唱的数量也会增加。这一现象表明，丹顶鹤利用二重唱来共同保卫家人的食物。二重唱的另一项功能是协调亲鸟在育雏方面的工作（见第四章）。

纹头猛雀鹀（*Peucaea ruficauda*）是具有高度领域性的合作繁殖者。雌鸟的鸣唱在更大的程度上是为了守卫领地，而雄鸟的鸣唱主要出现在求偶的时候。生物学家对该物种播放了两个性别或异性的鸣唱录音，结果显示，比起雄鸟，雌鸟总是先对入侵者做出反应，而且对其他伴侣和同性入侵者的反应更加强烈。新西兰吸蜜鸟（*Anthornis melanura*）和细尾鹩莺的雌鸟也具有领域性，能够单独鸣唱或与配偶进行二重唱，以保卫自己的领地。

在大多数进行二重唱的鸟类当中，雌鸟占主导地位，但也有一些例外。南美洲的棕灶鸟（*Furnarius rufus*）会发出高度结构化的二重唱，而且是由雄鸟发起和领导的。在非洲东部和南部，一种名为纹胸织雀（*Plocepasser mahali*）的小型鸣禽也会进行二重唱，雌雄交替，异常精准。

生物学家想知道，这些鸟类是如何达到这种协调性的呢？于是，他们在野外的纹胸织雀身上安装了微型无线电发射器。织雀背上的发射器记录鸣唱，而大脑植入物记录鸣禽大脑中负责产生节奏的区域所发出的每一次脉冲。鸣声和大脑记录都显示，雄鸟在每次二重唱中都起到了领头的作用。一旦配偶加入，它的大脑节拍器就会慢下来，两只鸟跟随着较慢的内部节奏同步鸣唱。由于纹胸织雀是合作繁殖者，这种二重唱有时会延伸为合唱。

守卫领地

对页左图

在雄性青山雀的眼中，羽冠更鲜艳的竞争对手更具威胁性——这是有根据的，因为雌鸟认为这些鲜艳的雄鸟更具吸引力。

对页右图

雌性黑胸鸦鹃的体型比雄性更大，它们会为了争夺领地而鸣唱；一旦产卵，它们就会把抚育雏鸟的职责全部交给配偶。

除了鸣声之外，鸟类也使用视觉信号来宣示它们的领土边界。若是示威失败了，它们就可能会诉诸武力。竞争对手越是势均力敌，打斗就越有可能升级，以决出最终的赢家。

青山雀雄鸟的羽冠可以反射紫外光。无论它们是领地的主人还是抚育后代的亲鸟，更大的紫外光反射量总意味着更好的身体素质。在紫外光的照射下，青山雀个体会对更鲜艳的羽冠做出反应，并将其视为一种高质量的信号。面对鲜艳程度与自己相似的羽冠和人为加工的黯淡羽冠，雄性青山雀对前者具有更强的攻击性；后者构成的威胁较小，似乎不值得引起它们的注意。若与这些“更强大”的雄鸟交配，雌鸟会繁殖出更多雄性后代。

在空间资源紧张的城市中，领地争夺对鸟类的性格产生了有趣的影响。就许多物种而言，性格往往是一系列特征的集合，比如对同种入侵者或人类的攻击性，以及以实验和探索意愿来衡量的大胆程度。家麻雀和歌带鹀（*Melospiza melodia*）是两种完全没有亲缘关系的鸟类，但由于外表相似而拥有共同的名字。[1]它们在城市中表现得更为大胆，而且在行为上更具灵活性。这意味着在城市种群中定义一种性格类型的特征经常是非耦合的。西班牙巴塞罗那的大山雀也表现出了同样的模式：比

1 家麻雀与歌带鹀的英文名称分别为house sparrow和song sparrow。——译注

起居住在乡村的同种个体，它们的性格特征更加多样化，也大胆得多。相比之下，一项针对英国大山雀的研究发现，城市中的鸟类尽管更大胆，但保持了一致的性格。

生物学家进行了许多关于鸟类领域性的实验，比如播放竞争对手的鸣唱，然后记录当地大山雀的反应。大胆的个体更具攻击性，会更快、更近、更频繁地靠近扬声器。每当看见观鸟爱好者使用录音来吸引自己想看的鸟，我总想知道：这是不是一只大胆的个体，它会因为迅速地赶走入侵者而自我膨胀（假设人类很快就停止播放录音），还是说它是一只胆小的个体，会在过度的恐惧和紧张中度过这一天余下的时光？

人们认为，雄鸟更有可能通过鸣唱来保卫自己的领地，而鸣唱是鸣禽亚目的专长。对于这两个假设，黑胸鸦鹃（*Centropus grillii*）是一个绝对的例外。这是来自非洲的一种杜鹃，雌鸟的体型比雄鸟更大，并运用自己的鸣声来争夺领地和雄性“后宫”。体型较大的雌鸟往往音调较低。因此，低沉的嗓音代表强壮的身躯。然而，当受到录音回放的挑衅时，雌性个体会有意地压低鸣声，好让自己显得更吓人。

甜言蜜语

除了鸣唱，鸟类还能发出很多声音。为了加强和确认配对关系，它们可以采取很多方法，包括无声的关注。

即使配偶在看不见的地方，绿腰鹦哥（*Forpus passerinus*）也会在远处用接触鸣叫进行交流。这种鸟类在密度极高的种群当中繁殖，并实行一夫一妻或社会性单配制。它们的筑巢距离很近，足以让10对繁殖伴侣处于彼此的听力范围之内。雌鸟在洞穴中孵卵，常常看不到自己的配偶。

定情信物

一些鸟类会利用信物来表达爱慕，比如：

- 卵壳
- 花瓣和食物
- 树叶和苔藓
- 鹅卵石和树枝

笼养的鸡尾鹦鹉（*Nymphicus hollandicus*）会分享食物和互相整理羽毛——这种行为被称为“相互理毛”。刚刚成年的寒鸦也是如此，但这在很大程度上是求偶的前奏。相比之下，年纪尚轻的鸡尾鹦鹉对雄鸟和雌鸟都会做出这种行为。另外，它们更有可能与兄弟姐妹分享食物，与没有血缘关系的个体相互理毛。然而，随着年龄的增长，鸡尾鹦鹉对其他个体的赠食和理毛行为逐渐减少。

渡鸦会给配偶送一些不能食用的东西，比如苔藓、鹅卵石或树枝。虽然渡鸦不会柔声轻哼，但这些象征性的礼物会以账单的形式或“共同操纵物品”的形式，引发接受者的爱慕。

阿拉伯鸫鹛用卵壳、树枝或树叶等物品向潜在的性伴侣发出信号，示意它们退到一个私密的场所进行交配。在大多数情况下，雄鸟展示信物，而雌鸟似乎能够完全理解对方的意图。如果雌鸟有兴趣，它会将尾羽冲着性伴侣高高翘起——这是一个相当普遍的鸟类信号，表示

上图

绿腰鹦哥会形成十分牢固的伴侣关系，很少出现交换配偶或配偶外交配的行为。

它准备好了。有时，雌鸟也会带头前往幽会的地点，或者用自己的信物来回应雄鸟。

虽然大多数鸟类都不羞于在公共场所交配，但阿拉伯鸫鹛总想寻找一片浓密的灌丛，以保护自己的隐私。在群居生活中，这种躲躲闪闪的"害羞"并不局限于那些想要偷偷交配的从属个体；即使是占优势地位的伴侣，也必须在私下里展示用于交配的信物。由于相关的研究是最近才开始的，人们只能推测其中的原因。一些生物学家认为，处于主导地位的繁殖伴侣可以通过"貌合神离"来获得好处；这种做法可能有助于从属个体保持对自身繁殖机会的希望，从而更加乐意投入到合作育雏和其他的工作当中。

资源分布

对页图

黄腰酋长鹂是奉行一夫多妻制的鸟类。由于雄鸟对于养育后代没有贡献，雌鸟分享一个配偶的代价很小。

下图

美洲水雉是奉行一妻多夫制的鸟类。多只雄鸟在同一只雌鸟的领地上筑巢，而雌鸟负责为它们产卵。

食物和其他资源的分布方式可以决定种内和种间的社会系统。当资源聚集在一起时——比如北美洲的红翅黑鹂（*Agelaius phoeniceus*）赖以筑巢的芦苇丛——雄鸟的最佳选择就是建立一片具有吸引力的领地，就像简·奥斯汀在书中描述的坐拥地产的乡绅贵族一样。生物学家（和鸟类）普遍认定一个真理：一只拥有领地的雄性红翅黑鹂必定想要一位妻子。

虽然开放的一夫多妻制在许多人类社会中并不合适，但对于红翅黑鹂的雌鸟来说，在占有优质领地的雄鸟和资源较差的雄鸟之间，它们宁愿成为前者的第二位甚至第三位妻子，也不愿独享后者的关怀，即便后者能为它们提供更多育雏方面的帮助。生物学家在加拿大进行了一系列实验，证实了对于红翅黑鹂交配系统的这种一般性解释。他们从某些一夫多妻制的群体中移走雌鸟，人为创造出一夫一妻制的伴侣，然后计算不同家庭的繁殖成功率。科学家们发现，由于其遭受的捕食率降低，且雄鸟增加了喂养雏鸟的投入，一夫一妻制中的雌鸟比一夫多妻制中的雌鸟养育了更多的后代。

在另一项实验中，生物学家从一些质量相同的领地中移走了雌鸟。新的雌鸟选择与单身的雄鸟配对，而不会选择那些先前已经配对的雄鸟。在其他条件相同的情况

下，比起在一夫多妻制中，雌鸟在一夫一妻制中的繁殖成功率更高。然而，生物学家对这些领地进行了一系列人为操作——通过在水上增加可供筑巢的平台来提高领地的质量，或通过移除所有不受捕食者威胁的主要筑巢点来降低领地的质量。结果显示，在16对伴侣中，有13只雌鸟选择到更优质的领地成为“第二位妻子”。对于苇莺和红翅黑鹂的雌鸟来说，在优质领地充当第二位妻子与在贫瘠领地充当唯一的妻子，可能是相似的经济选择。

相比之下，黄头黑鹂（*Xanthocephalus xanthocephalus*）会在距离鸟巢很远的地方觅食，而且雄鸟在育雏方面不提供任何帮助。因此，雌鸟乐于在一起筑巢并分享配偶。黄腰酋长鹂（*Cacicus cela*）是来自新大陆的另一种黑鹂，也采取一夫多妻制的交配系统。雄鸟的亲代抚育并不是必要的，所以雌鸟共享一位“丈夫”的代价几乎可以忽略不计，而群体筑巢、共同抵御捕食者才是有益的。

当繁殖资源非常稀缺，两性都受到雌鸟产卵数量的限制时，一妻多夫制（即一只雌鸟与多只雄鸟繁育后代）就会应运而生。在哥斯达黎加，适合美洲水雉（*Jacana spinosa*）繁殖的生态环境十分稀少。每只雄鸟开辟出一块很小的领地，负责大部分的育雏工作。而雌鸟的体型较大，控制着数只雄鸟的领地。如果某一窝卵遭到捕食，它们就会迅速进行补充。

不忠与离婚

当雌鸟拥有多个配偶时，不管它们采用怎样的社会交配系统，精子竞争总会存在。对于雄鸟来说，确保父权的一个主要方法就是淹没竞争对手的精子，尤其是在它们无法时刻留意配偶的情况下。在多种细尾鹩莺中，雌鸟与数只雄鸟交配。因此，雄鸟进化出相对体积更大的睾丸，以产生更多精子。相反，红腹灰雀（*Pyrrhula pyrrhula*）雄鸟的相对睾丸体积就要小得多。不出所料，针对其雏鸟的DNA指纹分析表明，雌鸟几乎完全忠于它们的配偶。同样地，棕林鸫（*Hylocichla mustelina*）伴侣的领地意识很强，雌鸟和雄鸟都守卫着自己的领地。所以，雄鸟的父权很少受到威胁，睾丸也相对较小。

忠诚的鸟类

有些物种主要奉行遗传上的一夫一妻制，包括：

- 白颊黑雁
- 仓鸮
- 寒鸦
- 红腹灰雀
- 棕林鸫

不同鸟类的“离婚率”存在很大的差异，如大红鹳（*Phoenicopterus roseus*）为98%，白颊黑雁（*Branta leucopsis*）为2%。就像人类一样，群体当中的某些个体比其他个体更容易离婚。生物学家对于测量鸟类种群的个体性格差异非常感兴趣。例如，大山雀的性格可以根据从大胆到害羞的程度来划分；这取决于个体愿意接近可疑的新事物的时间，或者学会远离陷阱之类的物品的时间。在仓鸮（*Tyto alba*）或寒鸦的社会中，“不忠”是不存在的，而性格大胆的大山雀更容易出现不忠和离婚的现象。目前，人们尚不清楚存在这种差异的原因，但答案或许和个体经历所塑造的遗传倾向有关。

对页上图

离婚和不忠现象在白颊黑雁伴侣中非常罕见。

对页下图

大红鹳是分布最广的火烈鸟。

文化一致性和社会纽带

虽然资源分布直接影响着动物个体的分布，从而产生不同的社会系统，但社会纽带也能为社会的架构提供反馈。

即使是常见的花园鸟类也具有某种形式的文化。比如，大山雀的群体就建立了觅食的传统。我们已经知道，在新喀里多尼亚的不同地区，新喀鸦制作的工具拥有不同风格；大山雀虽然不像它们那样复杂，但仍然需要个体向其他的群体成员学习，并与之保持一致。

下图

大山雀宁愿挨饿也不愿丢下配偶独自觅食。

新的社会信息可以在大山雀之间迅速传播，从而创造新的传统——完成这项任务的其中一种方式就是让个体更换自己的觅食同伴。大山雀宁愿放弃食物也不愿离开配偶。在一项实验中，生物学家利用微芯片（就像用于宠物的那种）和编码的喂食器，令大山雀无法与配偶在同一个喂食器前觅食。伴侣中的一只鸟被植入偶数编号的芯片，而另一只的芯片为奇数编号。当带有偶数编号的鸟降落时，一半的喂食器会关闭；另一半喂食器则拒绝带有奇数编号的鸟。因此，当一只鸟在喂食器前进食时，它的配偶要是想和它待在一起，就必须在下方寻找食物。结果表明，同行的个体如果在对应的喂食器前停留，就不可避免地要花更多时间与平时很少遇到的个体一起进食。这些大山雀显然把维持伴侣关系（即使只有一年）置于独自觅食之上。

上图

斑胸草雀是高度群居的鸟类，以群体的形式觅食和繁殖。

社会压力和社会地位

受人喜爱的斑胸草雀原产于澳大利亚，是高度群居、伴侣终生配对的物种。它们利用社会信息来寻找食物，并依赖于配偶之间高度协调和合作的育雏方式，这有助于它们在恶劣的沙漠中生存。

虽然斑胸草雀不是合作繁殖者，但野生个体也生活在大型的群体中。实验表明，压力会削弱幼年斑胸草雀学习鸣声的能力（见62页）。其他研究也表明，早期的压力会改变它们的社会行为。具体来说，给斑胸草雀雏鸟注射额外的应激激素，能使它们的群居行为出现差异。这些实验个体会与更多不同的个体（包括家庭之外的更多个体）一起觅食，因而在社会网络中占据更核心的位置。于是，群体中的大多数个体都通过这些核心个体而间接地联系在一起。

早期的发育压力似乎对野生斑胸草雀也有同样的影响。在2019年的一项研究中，生物学家增加了兄弟姐妹之间的竞争，从而制造压力。他们交换了不同鸟巢中的雏鸟，以控制任何可能遗传自父母的压力。因此，生物学家创造了一窝只有2只雏鸟的低压力环境，以及一窝有5~8只雏鸟的高压力环境。

生物学家从这项研究中发现，在高压力家庭中长大的斑胸草雀与实验室中被注射了应激激素的个体具有相似的行为。它们愿意花更多的时间与非家庭成员在一起，对喂食器前的同伴也不那么挑剔。因此，这些斑胸草雀能够与更多不同的个体一起觅食，更好地占据社会核心地位。

3

求 偶

COURTSHIP

右图

在北海道的冬季，丹顶鹤正在进行求偶炫耀。

最性感的繁殖者

左下图

鸳鸯雄鸟会在冬季向雌鸟炫耀自己的繁殖羽；等到求偶期结束后，它们又在夏天换回蚀羽。

右下图

西长尾隐蜂鸟的雄性具有更长、更锋利的喙。这是雄鸟之间用喙争夺配偶的进化军备竞赛的结果。

2018年秋冬，一只突然出现在纽约中央公园的鸳鸯（*Aix galericulata*）成了国际名流，被人们誉为“性感之鸭”。这只艳丽的雄鸟引发了一个问题：为什么雄鸟总喜欢花里胡哨的饰羽，而雌鸟则是谨慎的棕色?

在1859年出版的《物种起源》一书中，查尔斯·达尔文提出了性选择理论，解释了这一现象的进化过程——“性感之鸭”的华丽羽毛犹如灯塔一般指引着捕食者，并且需要个体花费大量的能量来生成和维护。所以在理论上，它们并不是通过自然选择而进化的，因为自然选择只会留下最适合生存的

个体。然而，如果装饰最精美的个体能够吸引到最多的配偶，从而拥有最多的后代，那就有足够的理由通过性选择而进化出代价高昂、用于炫耀的性状了。雌性鸳鸯会选择艳丽的雄鸟，就像饲养员会挑选羽色鲜亮的鸡一样。

达尔文的性选择理论还有另外一个部分，即某些性状是武器，而非装饰品。雌性蜂鸟并不倾向于与喙最锋利的雄鸟交配，但雄鸟通过战斗的方式来进行相互选择，促使本物种的雄性进化出武器一般的喙。

只要看过精力旺盛的蜂鸟绕着喂食器嗡嗡作响的场景，你就会知道，在获取高价值的资源时，这些如同宝石般靓丽的小鸟一点儿也不挑剔。雌性蜂鸟单独养育后代。因此，一处丰富且可靠的花蜜来源对于它们来说是非常必要的。与此同时，尚未配对的雄鸟能够轻而易举地占领一处吸引雌鸟的资源。这导致了以一夫多妻制为主的交配系统。

对于雄鸟来说，繁殖的高风险意味着激烈的竞争。为了吸引更多雌鸟，它们必须争夺最好的领地。西长尾隐蜂鸟（*Phaethornis longirostris*）是哥斯达黎加的一种常见蜂鸟，该物种的雄鸟通过性选择（雄鸟之间的战斗）将喙进化为武器。根据现有的研究，这一进化结果在鸟类当中是独一无二的。在哺乳动物中，雄性狒狒进化出更长的犬齿（而雌性没有），以便更好地攻击竞争对手。这些袖珍的雄性蜂鸟也将长喙用作匕首，试图在争斗中刺破对方的喉咙。成年雄鸟的喙比雌鸟或亚成雄鸟的更长、更直、更尖，且上喙比下喙突出。这些特征降低了采食花蜜的效率，但提高了喙作为武器的致命效果。

从维多利亚时代到20世纪30年代，在解释极端的性别差异时，公众和生物学家都更愿意接受雄性之间的斗争，而非雌性的选择。这不仅是因为人们更容易观察到雄鹿或公鸡（或人类）公开争夺雌性的场面，也是因为生物学家很难将“审美”赋予非人类动物。然而，达尔文研究了许多鸟类当中的雌性选择案例。他坚定地认为，具有鉴别能力的雌性动物会挑选出装饰精美的雄性动物，就好比“性感之鸭”。生物学家已经积累了大量的案例，表明性选择导致了引人瞩目的求偶炫耀。如今，这样的非凡案例依然在不断涌现。

时尚与性感的儿子

“时尚”可以像自然选择一样塑造进化，但往往是以更随意的方式。雄性黑琴鸡（*Lyrurus tetrix*）在特殊的“舞池”当中求偶，而雌鸟也聚集在此进行评判——这种场地被称作“求偶场”。最受欢迎的1~2只雄鸟赢得了大多数交配机会，而其他雄鸟根本无法繁殖后代。就像人类的时尚潮流一样，雌性黑琴鸡也容易受到其他个体的选择偏好的影响。生物学家通过实验改变了雌鸟的偏好：将一只先前不受欢迎的雄鸟置于中央，在周边放上许多雌鸟的毛绒玩具，营造出众星捧月的盛况。他们通过让它看起来更受欢迎，人为打造出一个新的“万人迷”。

时尚的类比仍然回避了一个问题：为什么雌鸟偏爱某种装饰，而非其他的装饰？对此，有三种互不排斥的解释。第一，雄性的装饰利用了雌性对于某种元素预先存在的偏好，比如红色。第二，奢华的装饰是质量的真实指标，即“障碍原则”；这是因为只有真正健康的雄性才能承受代价高昂的“障碍”，就像只有真正的富翁才能买得起保时捷一样。第三种解释与达尔文最初的理论最为接近，被称为“性感的儿子”假说。只要雌性始终选择与最华丽的雄性交配，且华丽的特征是可以遗传的，那么它们就会拥有最性感的儿子，以及数量最多的孙子。这一想法的美妙之处在于，一种纯粹而随意的“时尚”足以导致复杂的求偶炫耀的进化，甚至不惜以生存为代价。

通过观察其他个体的交配成功率，雌性斑胸草雀（而不是雄性）可以被诱导出新的偏好，从而倾向于选择另一种全新的装饰性性状。生物学家在斑胸草雀头顶绑了红色的细小羽毛。起初，雌鸟对这些人为装饰的个体都没有表现出特别的兴趣。然而，如果戴着红色羽毛的雄鸟顺利配对，而没有装饰的雄鸟形单影只，那么亲眼见证这种场景的雌鸟就会改变自己的偏好。随后，雌鸟开始相互模仿，变得更加青睐头戴红色羽毛的雄鸟。而雄鸟在同样的实验中则没有出现类似的行为。

在家燕（*Hirundo rustica*）当中，野生的雌性个体确实通过对配偶的选择塑造了雄鸟的性状。不同种群的偏好差异导致雄鸟的形态出现了地理差异。研究人员对欧洲的家燕开展了一系列实验，人为地延长或缩短雄鸟的尾羽，然后测量它们所繁殖的后代数量。尾羽最长的雄鸟拥有最多的后代（部分原因是它们吸引了更多婚外配的雌鸟），

上图和下图

家燕广泛分布于全球各地，包括欧洲（上图）和北美（下图）。但根据不同地区的雌鸟对配偶的偏好，雄鸟的羽毛出现了地理差异。

表明雌鸟喜欢最长的尾羽，即使这些人为增长的尾羽比自然生长的还要长。令人惊讶的是，美国的家燕并非如此。相反，美国的家燕雌鸟喜欢腹部橙色较为鲜艳的雄鸟，对长尾羽不感兴趣。因此，与腹部为白色、尾羽较长的欧洲家燕相比，美国的家燕颜色更红，但尾羽更短。

性选择与新物种的形成

鸟类是如何得知自己该跟谁求偶和交配的？答案通常是“养育者”留下的印记。但印记也可能会出错——在北美，极度濒危的美洲鹤（*Grus americana*）有时会在沙丘鹤（*Antigone canadensis*）群体的周围徘徊，似乎以为它们是体型较小的同种成员。之所以会出现这一现象，是因为美洲鹤的成年个体数量曾一度降到最低点，保育人员不得不让体型较小的沙丘鹤来做它们的“代理父母”。

很多鸭子偶尔会把卵落在另一只雌性个体的巢中。当这只雌鸟碰巧是另一个物种时，小鸭子们就会带着困惑的身份认同长大。此后，它们会试图向养父母的同类求爱，这也在一定程度上解释了鸭科鸟类普遍存在杂交现象的原因。不过，这一现象的第二个原因更为阴暗——在某些种类的鸭子当中，强迫交配的行为十分常见（见110页）。雄鸟即使成功地让不同物种的雌鸟受精，也往往是走进了一条进化的“死胡

对页图

在肯尼亚，一只雄性针尾维达雀（*Vidua macroura*）正在向颜色黯淡的雌鸟进行求偶炫耀。维达雀和维达鸟都属于维达雀属，它们生活在撒哈拉以南的非洲地区。

同”：杂交的后代要么无法发育，要么无法繁殖。然而，少数情况下，在亲缘关系较近的物种当中，性选择信号的革新或许能够导致新物种的形成。

维达雀属（*Vidua*）包含多个物种，它们均为特化的巢寄生者。这意味着维达雀属的所有成员都不会亲自抚养后代；从雏鸟孵化到离巢，育雏工作均依赖于其他物种。但不同于杜鹃，维达雀是一种在后天学习求偶鸣唱和择偶偏好的鸣禽。它们把“养父”的部分鸣唱融入自己的模板中。比如在喀麦隆维达雀（*Vidua camerunensis*）当中，雄鸟看起来一模一样，听起来却像黑腹火雀（*Lagonosticta rara*）或灰顶火雀（*Lagonosticta rubricata*）。这意味着，当一些雌性维达雀把卵产在新的寄主巢中，其所有的雄性后代在长大后都会获得新的鸣唱，而其所有的雌性后代都会偏爱这种鸣唱。于是，一个新的谱系诞生了。维达雀的物种形成速度之快，令人瞠目结舌，这或许正是进化过程中寄主转换的结果。

在达尔文发现的中地雀（*Geospiza fortis*）当中，体型相似的个体更倾向于配对。它们通过亲鸟的体型来学习自己的择偶偏好。在一个偶然的机会中，两只异常庞大的个体迁移到名为达夫尼梅杰的小岛上（位于加拉帕戈斯岛链的中部），并在那里繁衍出一个全新的谱系。

20世纪70年代初以来，进化生物学家罗斯玛丽·格兰特和彼得·格兰特就一直在研究这座岛屿上的鸟类。他们为这对庞然大物中的雄性起了个绰号——“大鸟”。这只雄鸟的体型和喙不仅大于同种个体，也超过了当地的其他两种留鸟。它的鸣唱与同类截然不同，而后代继承了这种鸣唱，从而形成了一个新的物种。自那以后，这个新物种与中地雀产生了生殖隔离，因为后者不会被“大鸟”的鸣唱所吸引。

数年后，人们对“大鸟”的DNA进行了测序，才发现它来自距达夫尼梅杰岛100千米以外的西班牙岛，是一只仙人掌地雀（*Geospiza scandens*）。它的杂交后代之所以能够存活下来，是因为独特的喙型令其在与其他留鸟的竞争中占据优势。“大鸟”的谱系表明，两个亲缘关系相近的物种可以通过杂交在几代之内形成一个新的物种，并且新物种的维持在很大程度上建立于独特的鸣唱之上。

作为真实信号的缺陷

长尾巧织雀（*Euplectes progne*）的长尾就是展现身体素质的真实信号：在繁殖季初期，比起尾羽天生较短的雄鸟，尾羽较长的个体身体状况更好。

对此，生物学家进行了一项实验，人为操控雄性长尾巧织雀的尾羽长度，探究其如何改变雄鸟的吸引力和身体状况。相较于初始尾羽长度相同而不做任何处理的雄鸟，尾羽被人为增长的雄鸟更容易吸引雌鸟进入自己的领地，而尾羽被剪短的雄鸟吸引力最低。但是在繁殖季当中，尾羽缩短的雄鸟丧失体力的速度比尾羽增长的雄鸟要慢得多。显然，修长的尾羽是既性感又昂贵的。

对于自身维护与吸引力之间的投资权衡也适用于欧洲的家燕。尾羽被人为增长的雄鸟对雌鸟更具吸引力，但它们的免疫系统也比不做处理的雄鸟弱。看来，那些无法真正且持续拥有长尾的个体会因为“伪装”而付出极为高昂的代价。因此，尾羽的长度成为一种反应身体状况的真实信号。

有证据表明，雌性家燕更喜欢尾羽对称的雄鸟。或许，不对称的尾羽可以反映出发育早期所受的压力。这与人类文化有一个有趣的相似之处——左右对称是反映面部美感最具吸引力的标准之一。该观点认为，随着年龄的增长（尤其是在发育早期），压力体现为左右两侧的性状在大小或形状上的差异。

在雉科（Phasianidae）当中，许多物种的雄鸟具有代价高昂的装饰性性状。我和朋友曾被好斗的雄性蓝镰翅鸡（*Dendragapus obscurus*）和火鸡（*Meleagris gallopavo*）攻击——我们眼看着它们的肉垂膨胀起来并充盈着火红的血液，它们迅速地冲了过来，恶狠狠地啄我们。肉垂更

大、尾羽更长的公鸡能赢得更好的领地，也能吸引更多的配偶。

对于雄性孔雀来说，其华丽尾羽上的眼状斑越多，吸引到的雌鸟也就越多。而眼状斑较多的孔雀所生的后代也会存活更长时间。然而，这一结果的成因也可能在于，雌鸟认为吸引力较强的雄鸟质量更高，从而在其后代身上加大了投入。红原鸡（*Gallus gallus*）是家鸡的祖先，母鸡喜欢鸡冠大且尾羽长的公鸡，并在与这样的公鸡交配后产下更多的卵。

人们曾进行过一系列相关实验，比如人工授精、为具有吸引力的雄鸟切除输精管等。我们可以从结果当中得知，性感的父亲确实会将优秀的基因遗传给儿子，与母亲的投入无关。即使人工授精的母鸡无法判断谁是雏鸟的父亲，鸡冠较大的雄鸟也会有更加健康的雄性后代，且后者在成年后会拥有较大的鸡冠。

上图

北美的柳雷鸟（*Lagopus lagopus*）在苏格兰也被称为红松鸡。雄性柳雷鸟用眼睛上方的鸡冠来宣示领地和吸引雌鸟。饱受寄生虫侵扰的雄鸟仅拥有较小的鸡冠。

对页图

雄性家麻雀利用黑色的"围嘴"来展现自己的地位。打败更多竞争者的雄鸟会长出更多黑色的羽毛，以显示自己的竞争能力。

看见红色和变成红色

许多鸟类喜欢红色，而颜色往往是个体质量的可靠指标。颜色更红的家朱雀（*Haemorhous mexicanus*）雄鸟确实更健康，它们会吸引更多的雌鸟，繁殖更多的后代。

当一只雄性的红背细尾鹩莺（*Malurus melanocephalus*）从不参与繁殖的助手转变为占优势地位的繁殖个体时，它的睾酮水平激增，喙迅速变红，表明其社会地位的提高。

下图

在雄性华丽军舰鸟（*Fregata magnificens*）进行求偶炫耀的过程当中，它们会鼓起喉咙底部的红色皮囊，并前后摇晃。

为什么红色或橙色如此具有吸引力呢？其可能的原因之一在于产生这些颜色的色素——类胡萝卜素。这种色素令胡萝卜变成橙色，而鸟类也利用它来完成各种事情。我们可以粗略地将这些功能划分为繁殖需求与生存需求之间的经典博弈。长出鲜艳的羽毛来吸引配偶，或者利用类胡萝卜素产生颜色更深、营养更丰富的卵黄，都是繁殖上的投资。保存类胡萝卜素来增强免疫系统，则是对于自身维护的直接投资。

这样看来，类胡萝卜素是作为真实指标的一种“硬通货”。这种色素是有限的，若是储备不足，鸟类就无法让自己的喙或者羽毛变得更红。任何进行“虚假宣传”、夸大自身健康状况的个体都有可能更早地死于疾病。当周围有潜在的配偶时，雄性斑胸草雀的喙比平时更红。然而，被注射了传染性细菌的雄鸟身上就不会出现这样的现象。

雄性大红鹳从取食的小虾当中获得类胡萝卜素（因此，当某些动物园不提供含有类胡萝卜素的食物时，大红鹳看起来就不那么健康）。大多数鸟类必须将宝贵的类胡萝卜素投资到正在生长的羽毛中，但雌性大红鹳却将其投入到涂抹物当中。所有鸟类都通过理毛来维护自己的羽毛，许多物种还会从尾部的腺体分泌出一种特殊的“护发素”。在求偶季来临之前，雌性大红鹳不必在羽毛的生长中投入类胡萝卜素，而是进化出了一种更灵活的方式。只有到了需要展示粉色羽毛的时候，它们才会往尾脂腺分泌的油脂中添加类胡萝卜素，并用自己的脸颊作为刷子，将其涂抹在羽毛上。雄鸟同样会梳理羽毛，但缺乏额外的色彩提亮。一旦求偶季结束，雌鸟就不再制造这种涂抹物了，因为它们需要用类胡萝卜素来做其他的事情，比如产卵。这个过程解释了该物种的一个谜题，即为什么雌鸟进化出了一种暂时比雄鸟更鲜艳的方式。

事实上，鸟类不仅仅将类胡萝卜素用作“化妆品”。不同于哺乳动物，它们还利用这些色素来看见红色。鸟类的视网膜具有针对不同颜色的特殊光敏分子；另外，其锥体细胞中还包含着色的油滴。它们就像滤镜一样，能使不同颜色之间的差别变得更加明显。

基因令鸟类将食物中的黄色色素转化为红色的涂抹物、皮肤或羽毛，也令鸟类把这些色素转化为眼中的红色油滴；而前者是对后者的进化复制。通过比较爬行动物的相关基因，我们发现，看到红色的能力比变成红色的能力进化得更早。只有现代鸟类的恐龙祖先进化出了这种基因的额外复制，从而让自己变成红色。

炫耀与羽毛的进化

对页图

雄性的披肩榛鸡（*Bonasa umbellus*）往往十分隐蔽，难以被发现。但在求偶炫耀的时候，它们拍打翅膀的声音听起来就像加速的马达。

下图

图中的紫冠蕉鹃（*Tauraco porphyreolophus*）与其他来自非洲的蕉鹃科鸟类都进化出了独特的含铜色素，该类群也因此而得名。红色的色素名为羽红铜卟啉，绿色的色素名为铜尿卟啉。

在恐龙的谱系当中，鸟类是唯一幸存至今的类群。来自中国的恐龙化石彻底改变了我们对羽毛进化的观点——与装饰性羽毛相关的证据表明，羽毛最初是为了求偶炫耀而进化的，随后才增加了飞行的用途。

鸟类不单是由于类胡萝卜素而呈现出从红色到黄色的各种色相，或者由于黑色素而呈现出棕色和黑色（这也是人类头发所包含的色素）。鸟类羽色（尤其是五彩斑斓的蓝色和黑色）的多样性在很大程度上来源于其纳米结构对光线的反射方式。这一过程被称为"薄膜干涉"，它也是让肥皂泡变得色彩缤纷的因素。

非洲的椋鸟是一个具有高度多样性的类群——不仅体现在物种数量上，也体现在它们的羽色和社会制度上。它们进化出了羽毛结构上的所有主要革新，而这些革新也令其他的鸟类支系（如蜂鸟、太阳鸟或极乐鸟）呈现出彩虹般的羽色。此外，当新奇而迷人的羽色组合出现后，通过相应的性选择，它们对羽色的鉴赏能力获得了显著的扩展，从而加快了这一类群当中的物种形成。

对于旧大陆的多数椋鸟来说，多彩的羽色是在两性的相互选择下形成的。因此，在紫翅椋鸟和亚洲辉椋鸟（*Aplonis panayensis*）这类物种当中，雌鸟和雄鸟同样闪亮。非洲的椋鸟可能也继承了这种两性均等的鲜艳色彩。但在社会性单配制的物种中，雌鸟已经进化得比雄鸟更黯淡了，比如白腹紫椋鸟（*Cinnyricinclus leucogaster*）。相比之下，栗头丽椋鸟（*Lamprotornis*

superbus）是群居的合作繁殖者，形成了复杂的多等级社会。在这样的社会中，群体成员之间存在强烈的社会选择，导致雌鸟几乎与雄鸟一样多彩。

生物学家还发现，在进化的过程中，某些色素是特定类群所独有的。金胸丽椋鸟（*Lamprotornis regius*）是非洲的另一种椋鸟，进化出了一种产生黄色的新方式。尽管大多数动物都采用类胡萝卜素，但该物种储存了大量的维生素A，进而把胸口的羽毛染成黄色。蕉鹃科（Musophagidae）是另一个具有异域色彩的非洲类群，拥有富含铜元素的羽红铜卟啉。鹦形目（Psittaciforme）即人们常说的鹦鹉，它们利用独有的色素来创造温暖的色彩，这种色素被称为鹦鹉色素。企鹅目（Sphenisciformes）会制造企鹅色素。在人类看来，它们是黄色的；但在鸟类眼中，它们还会在紫外光下发出荧光。

鸟类还进化出类似乐器的羽毛，可以在求偶炫耀时进行演奏。普通夜鹰（*Caprimulgus jotaka*）俯冲而下，风从其双翅之间穿过，发出令人兴奋的、爆破般的轰鸣声。森林中，披肩榛鸡站在一段树干上拍打翅膀，发出深沉的震颤声，总会让我想起发动的马达。通过高速录像，生物学家发现蜂鸟也可以用尾羽来“歌唱”。它们产生不同物种特有的音效，从单调的啁啾到重复的音符，不一而足。

鸟类美学

不管鸟类的择偶偏好为何存在，它总会让人莫名地联想到所谓的人类审美。最绚丽的求偶炫耀将视觉上的装饰物与舞蹈、音乐结合在一起，还能涉及多个表演者和多个评委。

娇鹟的跳跃之舞

长尾娇鹟的主要舞蹈形式有两种。在"弹跳舞"中，两只雄鸟轮流跳到它们用于求偶的树枝上方，不断加快节奏，并在上升时发出喵呜和嗡嗡声。在"侧翻舞"中，两只雄鸟沿着树枝的方向摇摆，前方的雄鸟翻身跳到另一只雄鸟的后面，二者轮流跳跃。

在娇鹟科（Pipridae）当中，许多物种的雄鸟会成对地进行舞蹈和歌唱，但二者之间有明显的等级关系，比如长尾娇鹟（*Chiroxiphia linearis*）、尖尾娇鹟（*Chiroxiphia lanceolata*）和蓝背娇鹟（*Chiroxiphia pareola*）。当年龄较小的搭档向年龄较大的前辈学习时，后者将获得所有的交配机会。长尾娇鹟的"双人组合"需要花费数年来练习它们的二重唱和舞蹈，而雌鸟更青睐鸣声和谐一致的组合。年龄更小、游荡性更强的雄鸟经常会加入这种组合。这些鸟在不同的

求偶场之间飞来飞去；当雌鸟造访时，它们不会表演真正的求偶舞蹈，除非为首的两只雄鸟当中有一只失踪了。

到了冬天，许多雄性的鸭科鸟类用一系列高度仪式化的动作来向雌性求偶。这些重复的动作遵循着一定的顺序。此时，雌鸟结合醒目的羽毛和高超的舞技来选择心仪的配偶。当一只迷路的美丽雄鸟出现在遥远而陌生的国度，引得观鸟爱好者蜂拥而至时也是如此——它错误地向不同种的雌鸟求爱，而对方却兴致寥寥。

在法国南部的卡马格，野生的大红鹳在不同年份中实行间断型的一夫一妻制。每到繁殖季，雌鸟和雄鸟都会采用一种复杂的舞蹈来选择新的配偶。在每次炫耀当中，舞步类型和转换效果最多的个体最有可能找到配偶。大红鹳的寿命长达数十年，但最成功的舞者和繁殖者往往是20岁出头的个体，它们可以在8种不同的舞姿之间呈现出17种转换效果。相比之下，年轻和年老的个体只会在2种舞姿中间做出2种转换，所以其获得繁殖机会的概率较小。不出所料，最杰出的舞者倾向于相互配对。

舞动的火烈鸟

大红鹳的舞蹈动作包括：在前行时将颈部伸向天空，左右摇晃头部；颈部向前伸展，身体弓起，双翼部分展开，露出一抹红色的翼下覆羽；先朝一个方向疾行，然后再换另一个方向，一群鸟就像训练有素的芭蕾舞团一样同步行动。

节奏大师

鹦鹉家族的成员似乎都有很强的节奏感。雪球是一只葵花鹦鹉，也是视频网站上的红人。在视频里，它激情四射地即兴演奏，能够完美地跟上流行音乐的节拍。尽管雪球是一只宠物，但它并不是唯一喜欢动感节奏的鹦鹉。野生的雄性棕树凤头鹦鹉（*Probosciger aterrimus*）将树枝和种荚改造成乐器，在中空的树干上敲击，以吸引配偶。研究棕树凤头鹦鹉的生物学家发现，每只雄性个体都有独特的音乐风格；于是，他们以著名鼓手的名字为它们命名，比如林戈·斯塔尔。有时，雄鸟会伴着鼓声尖叫，或者加入视觉元素——将颊斑变成鲜红色或竖起羽冠。

玩音乐的鸟

鸣唱是鸟类吸引配偶的一种普遍方式。当生物学家在巢箱中播放雄性斑姬鹟（*Ficedula hypoleuca*）和紫翅椋鸟的鸣唱时，雌鸟就会被吸引而来。莎拉·厄普和唐娜·梅尼想知道：作为听众的鸣禽是否与听音乐的人类有着相同的体验？她们在播放鸣唱录音的同时监测了白喉带鹀（*Zonotrichia albicollis*）的大脑活动，结果发现，对于性成熟的雌鸟来说，聆听同种雄鸟的鸣唱可以触发与人类听音乐时相同的奖励通路。换句话说，雌性白喉带鹀从求偶鸣唱中获得的愉悦，可能与你欣赏最喜欢的音乐是一样的。相比之下，在性成熟的雄鸟中，相同的鸣唱却会触

上图

在野外，雄性棕树凤头鹦鹉通过敲击中空的树干来吸引雌鸟。每只雄鸟都有独特的风格。

上图

在巴布亚新几内亚，阿法六线风鸟（*Parotia sefilata*）可占有多个求偶场地，最多可达5个。雄鸟的舞蹈动作包括展开肋部的羽毛、形成一条“裙子”，以及在交配前将喙朝前伸向雌鸟。

发不同的情感大脑通路。这些雄鸟会对潜在竞争对手的鸣唱做出消极的反应，就像人类听到自己不喜欢的音乐一样。

多通路炫耀

极乐鸟的求偶炫耀包括鸣唱、舞蹈和华丽的羽毛展示。在这个闻名遐迩的奇特类群中，雌鸟所偏好的雄性炫耀已经出现日益复杂化的趋势。在分析了多个小时的视频和鸣声录音后，康奈尔鸟类学实验室的生物学家发现，对于不同物种来说，雄鸟的炫耀适应于其表演场所的物理特性。若在森林高处求偶，雄鸟会更多地投入于复杂的声学伴奏，以便声音穿透林冠；它们的舞蹈编排则相对简单，这也许是因为停栖的位置过于危险。相较之下，若在潮湿浓密的林下灌丛求偶，雄鸟会用一系列复杂的舞蹈动作来吸引雌鸟，但不会在发声方面投入太多的精力，毕竟灌木丛会削弱声音。

为了赢得雌鸟的青睐，巴布亚新几内亚的雄性极乐鸟进化出了色彩斑斓、样式繁多的饰羽，难怪当地的人类男性喜欢用它们的羽毛来做装饰。比起雄鸟独自求偶的物种，在求偶场中进行集体求偶的物种具有更鲜艳的色彩。这是因为求偶场建立了一种机制——只有最性感的雄鸟才能获得交配权。因此，对于这些物种的雄鸟的性选择比其他物种要强得多，而雌鸟的偏好决定了哪些基因可以遗传给下一代。

挑选聪明和善解人意的雄鸟

园丁鸟的外形不像极乐鸟那样奢华。相反，它们将心思花在建造“求偶亭”上，巧妙地利用精心布置的装饰物来吸引配偶。这些求偶亭纯粹是为了求偶而存在的；它们不是鸟巢，因为交配后的雌鸟会进入雨林深处，独自抚养后代。

下图

在澳大利亚昆士兰州，一只雄性缎蓝园丁鸟（*Ptilonorhynchus violaceus*）正在求偶亭前整理它收集的蓝色瓶盖，这些瓶盖正是求偶亭的装饰物。

缎蓝园丁鸟的寿命超过20岁，而雄鸟需要7年才能达到性成熟。雌性园丁鸟的审美偏好在于智慧。对于不同种类的园丁鸟来说，求偶亭的结构越复杂，其大脑与体型之比就越大。许多雄鸟会在求偶炫耀时融合其他物种的鸣唱。为了吸引更多雌鸟，雄鸟必须在记忆和技巧上达到高超的水平，而这需要数年的时间才能臻于完美。

对于红色的物体，缎蓝园丁鸟有一种天生的厌恶感。通过这一特性，生物学家曾测试该物种解决问题的一般能力。在自己的求偶亭中，雄性园丁鸟能准确地知道哪些物品被重新摆放、错放或增添进来，部分原因在于它们也经常从邻居那里偷走上乘的装饰物。当实验人员把红色的物品放在求偶亭附近时，雄鸟会尽力地将这些令人不快的东西移走，或者把它们掩盖起来。最快解决这些实验难题的个体也是交配成功率最高的个体。

为了交配，雄性园丁鸟必须把来访的雌鸟引到它的求偶亭中心。雌鸟极易受惊；当它还在视察求偶亭结构和评估舞蹈水平时，如果雄鸟表现得太激烈，它很容易被吓到。通过仿生的机器雌鸟，生物学家可以系统地测量进行炫耀的雄鸟在面对求偶对象发出的暗示时能有多敏感。我们从实验结果当中得知：当机器雌鸟变得犹豫而迟疑时，有些雄鸟会继续进行热烈的表演，而有些雄鸟知道何时该后退，何时该放缓节奏；在真实的求偶过程中，后者获得的交配机会比前者更多。这表明，雌性园丁鸟会选择对自身反应高度敏感的雄鸟。

在怀俄明州和加利福尼亚州，盖尔·帕蒂切里和她的同事用标本制作了机器雌鸟，并为其装上车轮和摄像机，以雌性视角拍摄了雄性艾草松鸡（*Centrocercus urophasianus*）的求偶过程。她们发现，雄鸟的求偶炫耀充满激情和爆发力；然而，只有当“观众”在场时，那些交配成功率最高的雄鸟才可以灵活地调整动作强度。

为了争夺领地，雄性西长尾隐蜂鸟进化出了矛状的喙。生物学家针对该物种设置了关于空间记忆的测试，结果发现，解决问题能力最强的雄鸟更有可能赢得一块领地，哪怕它的喙不是最长的。这些雄鸟也能够发出最连贯（即最有吸引力）的求偶鸣唱。

可选的求偶策略

上图

流苏鹬是丘鹬科（Scolopacidae）的一员，雄鸟的繁殖羽形似伊丽莎白时代的轮状皱领，并因此而得名。[1] 图片中，两只雄鸟正在进行求偶炫耀的竞争。

并非所有雄鸟生来都拥有同样的吸引力。比起最具吸引力的雄鸟，有些个体会采取不同的策略来吸引配偶，而非固守于传统的方法。

流苏鹬（*Calidris pugnax*）是一种水鸟，因环绕在雄鸟颈部的羽毛而得名，这些羽毛很像伊丽莎白时代的轮状皱领。流苏鹬也在求偶场内进行集体炫耀，但雄鸟的繁殖类型由不同的基因决定，每一种类型都有独特的羽色和求偶策略。优势雄鸟占据最大和最好的领地，颈部饰羽为黑色或栗色。在这些领地外围，当雌鸟正要寻访最具优势的雄鸟时，颈部饰羽为白色的"卫星"雄鸟会试图拦截它们，并强行与之交配。最近，生物学家发现了第三种类型的雄鸟，它们十分罕见，而且看起来几乎和雌鸟一模一样。这些鬼鬼祟祟的雄鸟没有花哨的羽毛和强壮的肌肉，却拥有与体型不成正比的巨大睾丸。

流苏鹬雄鸟的三种繁殖类型是共存的，每一种都能在其他类型存在的情况下保持一定的比例。优势雄鸟的数量比卫星雄鸟多5倍，但它们确实能够容忍后者少量地存在，因为较大的群体可以吸引更多雌鸟。只有1%的雄性流苏鹬是"伪装者"，但这足以表明该策略成功地在种群中留存了"伪装者"的少量基因。

雄性流苏鹬的交配策略是与生俱来且刻在基因里的，而饰胸鹬（*Calidris subruficollis*）同时拥有多种求偶技巧。这种小型水鸟繁殖于北极的高纬度地区，那里的生存条件变幻莫测。在同一繁殖季内或不同繁殖季之间，最好的求偶地点都可能迅

1 流苏鹬的英文名是ruff，该词也指轮状皱领。——译注

速发生变化。因此，雄鸟在几种策略之间灵活地切换：在整个繁殖季中，留在一个求偶场或在不同求偶场之间移动；单独求偶或与其他雄鸟一起求偶。在某些求偶场中，有些体型较大的雄鸟已经开始炫耀；而其他雄鸟倾向于加入这样的求偶场，似乎想沾沾强者的光。雄鸟和雌鸟看起来并没有太大的不同，所以前者不得不通过拍动翅膀来吸引注意力。雌鸟会仔细观察雄鸟的翼下，并将交配机会留给翼斑较多的个体，这其中的原因尚不明确。

生物学家给50只雄性斑胸滨鹬（*Calidris melanotos*）戴上特殊的脚环，通过监测发现，斑胸滨鹬的雄鸟也在求偶场进行求偶。然而，只有当可供交配的雌鸟很多时，它们才会留在繁殖地。即便如此，它们也只是交配而已，随后便继续前进，花费于单个求偶场的时间不会超过两天。这50只雄鸟的游荡性极强，在一个月的时间内移动了13 000千米。它们加入的求偶场多达24个，分布于阿拉斯加、俄罗斯和加拿大等地。这一过程紧接于迁徙之后，和斑胸滨鹬从越冬地抵达北极圈的距离差不多。

在北极求偶的斑胸滨鹬

斑胸滨鹬聚集在求偶场寻找配偶，但雄鸟可以在北极圈内四处游荡，加入不同的求偶场。如果雌鸟的数量很少，雄鸟只会停留一天或更短的时间；而在雌鸟最多的求偶场（红色），雄鸟会停留10天以上。

相互的性选择

下图

无论雌雄，冠小海雀都是根据一系列标准来选择配偶的，比如卷曲的冠羽和该物种特有的柑橘香气。

强烈的、不对称的性选择导致了极端的适应性，本章的大部分内容都集中于此。然而，许多鸟类都会进行相互的配偶选择，从而令雌雄两性拥有同样的装饰性性状。

蓝脚鲣鸟（*Sula nebouxii*）不论雌雄，都是通过评估蓝色蹼足的鲜艳程度来选择配偶的。它们笨拙

地抬起蹼足，和潜在的配偶相互炫耀。蹼足的颜色是反映个体质量的真实信号：免疫受损的个体无法在蹼足上投入足够的黄色类胡萝卜素，因而无法获得最具吸引力的蓝绿色调。一旦缺乏食物的状态持续48小时，蓝脚鲣鸟的蹼足就会变得黯淡。

冠小海雀（*Aethia cristatella*）的雌鸟和雄鸟利用各种各样的信号来吸引配偶，包括头部前侧伸出来的一簇卷曲的羽毛、发出荧光的喙板、听起来很像吉娃娃的鸣叫，以及颈部周围一股强烈的柑橘香气。到了繁殖季，这种气味无处不在，连靠近营巢地的生物学家都能闻到。冠小海雀的求偶仪式包括一种叫作“嗅颈”的特殊行为，即把头埋进潜在配偶的颈部。

该物种奉行一夫一妻制，进行怪诞而疯狂的求偶仪式。这个过程通常涉及生物学家所说的“交配混战”中的多个利益群体，其中的雄鸟试图压制竞争对手的炫耀。冠羽较长的雄鸟具有较低的压力水平，免疫系统更强，可以产生更多的气味分子。它们也比其他雄鸟更有优势，对雌鸟来说更有吸引力。

基准应激激素水平相似的大山雀会保持更久的亲密关系，并倾向于繁殖更多的后代。长期配偶的激素水平也会随着时间的推移而变得更加相似。有趣的是，应激激素水平对婚外配的父权没有影响。所以，雌鸟可能会选择与性格相似的雄鸟结为正式伴侣，尤其是当它依然可以跟其他更具竞争力的雄鸟交配时。奇怪的是，那些在性格测试中更勇于探索新环境的雄鸟，会与未来的配偶形成更紧密的关系。之所以会出现这样的现象，是因为它们遇见未来配偶的时间更早，从而在繁殖季来临之前就安顿下来。相比之下，雌鸟的性格似乎不会改变繁殖前关系的时机或强度。

每一年，红尾鵟都会在精心设计的婚飞中更换一个配偶；它们相互追逐，抓着对方的爪子在半空中翻滚。配合默契的伴侣在捕猎时效率更高。同样地，金雕（*Aquila chrysaetos*）夫妻也可以合作捕猎，一方分散猎物的注意力，而另一方从另一侧抓住猎物。走鹃（*Geococcyx*）父母通过全年合作来守卫领地，它们一起筑巢、孵卵和喂养雏鸟。

一个根本的不对称性

或许你想知道：为什么在大多数鸟类当中，雄鸟比雌鸟更有竞争性或更加鲜艳？部分原因在于雌雄两性在亲本投入上具有根本的不对称性。

在生物学上，雌性被定义为产生较大的生殖细胞（卵子）的性别，而雄性则是产生较小的生殖细胞（精子或花粉）的性别。在对后代的投入中，这种早期的不对称性常常被放大，导致两性进化出截然不同的繁殖对策：雌性把资源集中在质量而非数量上，而雄性则以牺牲质量为代价，将资源投入于繁殖机会的数量。于是，雌性只拥有数量有限的后代，并受限于投入其中的资源，而雄性受限于交配的次数。

这种繁殖投资策略的差异解释了为什么投入质量更高、数量更少的雌性通常是挑剔的一方。雄性正是为雌性所付出的相对稀缺的繁殖投入而竞争。然而，所有鸟类都有一个父亲和一个母亲；如果竞争力最强的一小部分雄鸟赢得了大多数的雌鸟，那么大多数雄鸟就无法繁殖。少数赢家和多数输家的情况解释了为什么性选择对雄鸟的作用比对雌鸟更强。这也解释了为什么在性选择更强的物种中，雄鸟不太倾向于抚育后代。亲代抚育会占用雄鸟用来争夺配偶的时间和精力，降低未来的繁殖成功率。

颠倒的性别角色

在少数鸟类当中，雌鸟是色彩鲜艳、充满竞争性的一方，而雄鸟才是挑剔的一方。这种特殊情况证明了繁殖投入塑造性别角色的规律。雌性水雉和斑腹矶鹬（*Actitis macularius*）都占据着一片领地，其中有一群负责育儿的雄性“家眷”。如果一个鸟巢因为遭到捕食而繁殖失败，雌鸟就会重新产一窝卵，然

对页图

在一只雌性非洲雉鸻的大片领地中，有多只雄鸟栖息；雌鸟向其中一只雄鸟求偶时做出了低头的姿态。在该物种中，雌鸟是体型更大、求偶更热烈的一方。

上图

雄性的非洲雉鸻（*Actophilornis africanus*）负责所有的亲代抚育工作，包括孵卵和照料后代；而它的配偶将自己的时间和卵分配给多只雄鸟。

后转移到下一只雄鸟那里。雌性斑腹矶鹬身上的斑点比雄鸟更深，斑点的颜色可能是反映雌鸟身体优势的真实指标。与体型较小、忙于养育后代的雄鸟相比，雌鸟更容易全身而退。

一只杜鹃的逆转

非洲的黑胸鸦鹃是一种杜鹃。在性别角色颠倒的鸟类当中，只有黑胸鸦鹃的雏鸟具有高度晚成性。与其他许多杜鹃（它们是有名的巢寄生者）一样，雌鸟除了产卵之外不履行任何亲代职责。然而，该物种的雄鸟却会抚育后代。这些“居家”的父亲独自负责筑巢、孵卵，以及向巢中饥饿的雏鸟运送食物。

雌性的一小步

生物学家发现，越来越多的证据表明，即使是在传统的社会性单配制物种（雄鸟的羽色更鲜艳）当中，竞争激烈的雌鸟也会利用声学和视觉炫耀来展现自己的地位。例如，加利福尼亚州南部的灰蓝灯草鹀已经不再迁徙，转而利用当地的温和环境；它们一年四季都在争夺领地。生物学家观察到，当地的雌鸟会自发地、精力充沛地鸣唱，也会对其他雌鸟的鸣唱录音做出反应。

目前还没有证据表明，这种雌性竞争增强是由于留鸟对资源的激烈竞争，还是由于生物学家之前忽略了迁徙种群的雌鸟鸣唱。

在某些情况下，雌性可以灵活地选择一妻多夫。以林岩鹨（*Prunella modularis*）为例，一夫一妻制之所以存在，不是因为雌鸟需要雄鸟，而是因为性别内部的攻击性令雌雄双方都很难获得额外的社会配偶。换句话说，一夫一妻制是一种僵持的结果。因此，如果个体能够独占多个配偶，它就能拥有最多的后代。一夫多妻制下雄鸟的后代最多，而一妻多夫制下雌鸟的后代最多。

气候、领地的生态环境和每只鸟的竞争能力都会影响这种个体层面的冲突结果。恶劣的气候通常会导致雄鸟过剩，因为雌鸟更容易受到极端气候的影响。偏雄性比会提高一妻多夫的比例，这是因为雄鸟很难独占数量有限的雌鸟。灌丛茂密的领地也会增加一妻多夫的现象，这是因为雌鸟更容易避开第一只雄鸟的看守，从而与第二只雄鸟交配。最后，年长的雄鸟可能更偏好有不止一只雌鸟的领地，更倾向于一夫多妻制或多夫多妻制。

人们记录了啄木鸟当中的几个一妻多夫的案例。尽管大多数小斑啄木鸟（*Dryobates minor*）和三趾啄木鸟（*Picoides tridactylus*）都实行社会性单配制，但生物学家发现，近十分之一的种群生活在一妻多夫的环境中。有时，这是因为第一只雄鸟不够优秀。雄性啄木鸟通常在孵卵期间“值夜班”；如果第一只雄鸟在孵卵工作中有几个晚上没有露面，雌鸟很快就会找到第二只雄鸟。缺乏经验的第一年雄鸟也会导致这种现象。在这两种情况下，雌鸟花更多的时间照顾第二个家庭，但也会去探望第一个家庭。

上图

红色型的北扑翅䴕（*C. a. cafer*，美国西部的一个亚种）雌鸟正返回鸟巢喂养雏鸟。

与之相似的是，对于不列颠哥伦比亚省的北扑翅䴕（*Colaptes auratus*）而言，一个种群中会有多达5%的雌鸟在一年中拥有多个社会配偶。在10年的时间里，生物学家发现，年龄较大、经验丰富的雌鸟更有可能奉行一妻多夫制，它们的第二任丈夫通常是难以找到专属配偶的年轻雄鸟。在一妻多夫制中，雌鸟抚养的雏鸟数量是一夫一妻制的2倍；在帮助第二窝卵孵化时，它们所花费的时间也较少。与大多数奉行一夫一妻制的鸟类不同，雌性扑翅䴕倾向于公开地与多只雄鸟交配，而不是鬼鬼祟祟地溜出去进行婚外配。不仅如此，如果雄性扑翅䴕怀疑自己的配偶不忠，哪怕对方公开地与第二个家庭在一起，它们也不会通过减少对后代的投入来报复雌鸟。

极端环境下的一妻多夫制

灰瓣蹼鹬（*Phalaropus fulicarius*）繁殖于北极，因此其性别角色的颠倒达到了更加极端的程度。一只雌鸟每窝所产的卵不能超过4枚，而食物资源（蚊、蠓等昆虫）爆发的持续时间很短。所以，对于雌鸟来说，最好的方法就是为多个丈夫快速而连续地产卵。大量的食物资源导致雌鸟受限于它们所能找到的配偶数量，而不是它们所能产下的后代数量。因此，雄鸟的最佳策略就是原地不动，独自照料自

下图

在阿拉斯加的一座池塘边，两只雌性灰瓣蹼鹬正在争夺一只雄鸟。雄鸟会为获胜的雌鸟孵卵和育雏。

己的鸟巢。这种情况形成了自我强化：由于雄鸟忙于照顾后代，可供雌鸟交配的数量就减少了。“家庭主夫”供不应求，所以体型更大、竞争力更强、特征更醒目的雌鸟占据了优势。这种情况也令灰瓣蹼鹬的雌鸟将时间和精力集中于寻找配偶，而不是抚养后代。

在红胁绿鹦鹉（*Eclectus roratus*）中，雌鸟的颜色比雄鸟鲜艳得多。因此，最初的鸟类学家将它们的两个性别划分为两个不同的物种。色彩鲜艳是有代价的，原因是伪装性更好的绿色雄鸟占种群的大多数。倾斜的性别比例也可以解释这种鹦鹉奉行一妻多夫制的原因。雌鸟相互竞争，以占据适合筑巢的最佳树洞；雄鸟相互竞争，以成为雌鸟的配偶之一。若能占据最干燥的巢洞，雌鸟就能拥有最多的配偶，在育雏方面也能获得最大的帮助。雌鸟在昏暗的巢洞中进行孵卵工作，所以生物学家推测，这使得它们在性选择下进化出鲜红色和蓝色的羽毛；而雄鸟暴露在捕食者面前的时间更长，于是进化出伪装性很强的绿色羽毛。

雏鸟和卵

有些鸟类存在性别角色的颠倒，比如一妻多夫制或竞争性更强、体型更大、拥有更多装饰性性状的雌鸟。许多相关解释都是从父本育雏的进化出发的。这就引出了一个问题：为什么在某些时候，父亲会首先将更多的资源投入到育雏当中呢？答案很复杂，但我们可以确定的是，有一个正反馈循环参与其中。所以，在每个后代身上投入更多的性别往往也会成为需求更高的性别。这就促使投入较少的一方去争夺投入较多的一方，从而强化了两性角色的差异。最后，其中一个性别变得体型更大、更具竞争性，它们力争获得尽可能多的配偶。与此同时，另一个性别受限于它们所能成功抚养的后代数量。由于繁殖投入是有限的，它们必须避开不必要的关注，只选择最优秀的配偶。对于性别角色的解释似乎是循环的，因为在不断升级的两性“竞赛”中，繁殖策略确实倾向于相互强化。

陷入僵局的社会性单配制

就社会交配系统中的性冲突而言，林岩鹨是最好的案例之一。交配的小规模冲突开始于雌性林岩鹨为鸟巢铺上内衬的时候，并持续到孵卵期间。领地中可能同时存在占主导地位的优势雄鸟和处于次级地位的从属雄鸟。与从属雄鸟共享领地的优势雄鸟必须更早地看守住雌鸟；但即便是在它交配的过程中，热切的年轻雄鸟也总是试图介入。

争吵的林岩鹨

为了单独接近自己的配偶并独享它们对育雏的帮助，两种性别的林岩鹨都会发生争吵。

雌性林岩鹨通过鸣唱来识别雄鸟。若是听见从属雄鸟为自己而歌，雌鸟就会尽力去见它。雌鸟活跃地与从属雄鸟调情，跳着扬起尾羽，展示臀部，害羞地扇动翅膀。对于雄鸟来说，守住雌鸟的代价是高昂的。为了觅食，优势雄鸟不得不把目光从雌鸟身上移开；此时，后者就有可能与从属雄鸟交配。这对雌鸟来说也是有代价的，原因是配偶的步步紧随限制了它的觅食能力。

雌性林岩鹨在植被间欢快地跳动，引导优势雄鸟紧跟其后，然后静悄悄地和从属雄鸟躲进灌木丛中，留下优势雄鸟在外苦苦搜寻。有时，雌鸟会把两个配偶都甩开。为了把自己的妻子找回来，优势雄鸟会一路跟着从属雄鸟——这种现象十分常见。只有在两性都拥有多个配偶的情况下，优势雄鸟才不会一直守着同一只雌鸟，转而将注意力分散到几只雌鸟身上，从而给了从属雄鸟和邻居大量的机会。

为什么林岩鹨雌鸟非要跟多只雄鸟交配呢？当雌鸟拥有多个配偶时，得不到交配机会的从属雄鸟可能会破坏雌鸟与优势雄鸟共同营建的鸟巢。相反，如果雌鸟与所有的雄鸟都交配，当孵卵阶段开始后，雄鸟的攻击行为就会消失。此外，如果一只雄鸟参与了交配，那么它也会帮助雌鸟喂养雏鸟。所以，与多只雄鸟交配的雌鸟可以在育雏方面获得更多的帮助，因而也就能产下更多的卵，抚育更多的后代。然而，若雄鸟也有多个配偶，雌鸟就不得不与其他雌性分享伴侣的帮助；比起独占一只雄鸟的雌鸟，它们抚育的后代数量较少。

不只是雄性林岩鹨会为了独占配偶而争吵，雌性林岩鹨也会互相争斗，尤其是当它们共享雄鸟的时候。在一夫多妻制下，雌鸟经常受到群体中其他雌鸟的侵扰，从而放弃繁殖。雄鸟试图中止这种争斗，并将两只雌鸟赶回各自的领地。它夹在二者之间，一边喂养着邻居家的雌鸟，一边维持着一种不稳定的休战状态。当两只雌性林岩鹨共用一个人工喂食器时，与二者领地相重叠的雄鸟会站在正在产卵的雌鸟那一边，好让后者有更多的时间觅食。

雄鸟不会从合作当中获益——它们的寿命只有几年，所以只有在获得交配机会后它们才会照料雏鸟。根据与雌鸟交配的次数（和亲权的概率），雄鸟会提升育雏的投入程度。它们似乎会密切观察配偶和其他雄鸟之间的互动，从而估算自己的亲权和投入程度。如果雌鸟能在两只雄鸟之间均等地分配交配机会，那它就能获得最多的育雏帮助，于是就会有三只成鸟照顾一窝雏鸟。

精子竞争与隐性的雌性选择

尽管90%的鸟类都形成了社会性单配制的配偶关系，但绝大多数鸟儿也存在着所谓的“配偶外交配行为”，而其中只有一部分能产生后代。澳大利亚的华丽细尾鹩莺（*Malurus cyaneus*）正是“不忠”行为的最高纪录拥有者。在雌鸟所产下的一窝雏鸟当中，平均有三分之二是非社会配偶的后代。因此，性选择和性别冲突也发生在生殖道之内。

细尾鹩莺这一类群经历了更强的精子竞争，从而进化出更长的泄殖腔末端。这是一种肌肉突起，从大多数鸟类用于交配的泄殖腔洞口延伸出来。为了应对雌鸟潜在的不忠行为，雄性林岩鹨会在雌鸟

乞求交配时用力地啄它的泄殖腔。这会刺激雌鸟将上一次交配所留下的精子排出来，雄鸟会在自己进行交配前检查这些精子。在与之亲缘关系相近的领岩鹨（*Prunella collaris*）中，雌鸟的领地可能会相互重叠。它们通过鸣唱和炫耀鲜红色的泄殖腔来积极地向雄鸟求偶，导致后者之间产生非常激烈的精子竞争。人们观察到，一只雌性领岩鹨会在产下一窝卵之前进行1 000多次交配。不同于林岩鹨，雄性领岩鹨并不会强迫雌鸟排出之前交配所留下的精子。它们进化出了更大的睾丸，交配的次数也比林岩鹨更频繁。

在非洲，雄性红嘴牛椋鸟进化出了不能勃起的“阴茎”，即一个厚实的肌肉突起。红嘴牛椋鸟以群体的形式筑巢；雄鸟合作繁殖，经常在一起筑巢、分享配偶、守卫领地和喂养雏鸟。雏鸟的生物学父亲有可能是合作群体内部或外部的任何一只雄鸟，因此精子竞争非常激烈。

神秘的是，它们的“阴茎”不含精子，并且在交配后也仍然保持完全干燥。鸟类学家对这种现象感到十分困惑。后来，他们发现雄性红嘴牛椋鸟具有一种非比寻常的鸟类行为——一只雄鸟多次与同一只雌鸟交配，每次交配持续几分钟（而不像大多数鸣禽那样只有几秒钟）。在漫长的交配过程结束时，雄鸟似乎经历了一次“高潮”；它们的整个身体都在摇晃，翅膀的拍动逐渐变慢，成为一种颤抖，脚趾在痉挛中紧握，从而在射出精液的瞬间将雌鸟紧紧地拉向自己。这种古怪的行为是目前唯一已知的鸟类性高潮，并且是射精的必然前兆。雄鸟似乎要花费大约半个小时的时间来反复交配，才能获得必要的刺激。

研究人员曾尝试过用手指来刺激雄鸟。尽管他们与红嘴牛椋鸟的“阴茎”产生了接触，但后者从来没有在人类手中达到性高潮和射精。这种令人费解的交配仪式是如何进化而来的呢？对此，研究人员给出了一个最好的解释：这种行为能占用雌鸟更多的时间；因此，它是一种相当耗费能量的配偶守护。这篇论文没有提到雌鸟对于这种费力而漫长的交配方式的反应，因此，在这个物种中，等式的另一端仍然是个谜。

对页图

一只雌性林岩鹨抬起尾羽，双翅抖动，乞求交配，而雄鸟怀疑地看着它。在交配前，雄鸟会啄雌鸟的泄殖腔，以确保雌鸟将上一只雄鸟的精子排出来。

当爱情变成战争，一切就不那么公平了

本章以鸭子开始，也以鸭子结束。当雄鸟和雌鸟陷入两性之战时，性别冲突会导致一些相当可怖的后果。对于林岩鹨来说，小规模冲突贯穿个体的一生，它们会在每个繁殖季采用不同的策略。大多数鸟类的交配时间只有几秒钟，所以泄殖腔的结构较为简单；而鸭科鸟类经过了一代又一代的繁衍，最终进化出十分复杂的生殖器结构。

在英国的埃文河边野餐时，我第一次见识到了鸟类求偶的阴暗面。那时，我正坐在河流的下游；一大群旋转的绿头鸭（*Anas platyrhynchos*）快速地朝

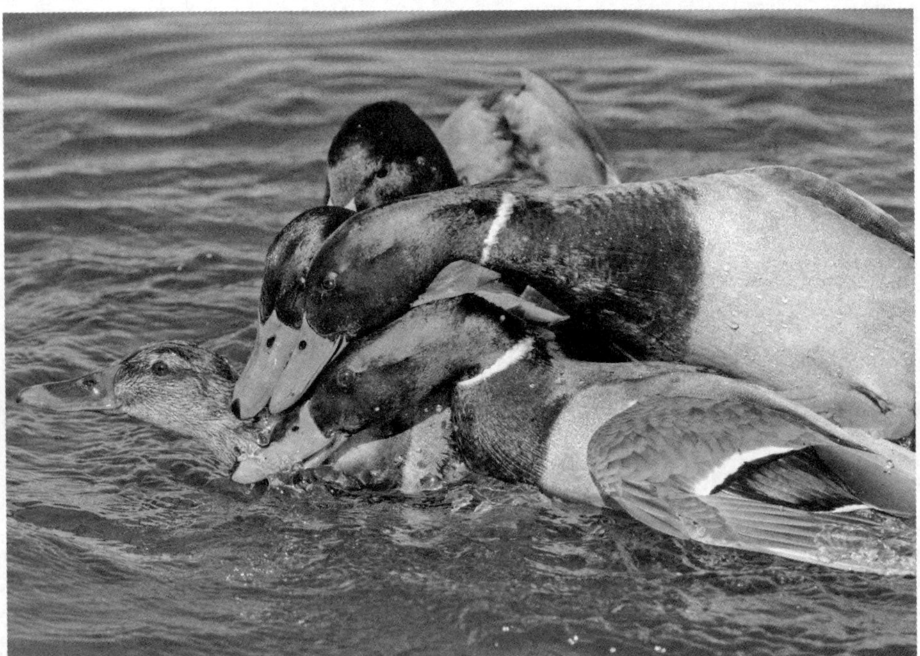

着我游了过来，破坏了这幅田园风景画。更让人吃惊的是，原本安安静静地蹲在我附近的雄性绿头鸭立刻朝着这群混乱的同类径直冲去。在逐渐聚集的雄鸟中央，是一只徒劳挣扎着想要逃跑的雌性绿头鸭。每当它抬起头来呼吸时，压在它身上或在它身边的雄鸟就会戳它的头，抓住它的脖子，而试图潜水逃跑的行为会导致雄鸟在水下争先恐后地追赶它。这群暴徒顺流而下，逐渐离开我的视野。此时，至少有50只雄鸟紧追不舍。

后来我发现，在繁殖季后期，由于周围雄性的数量远超雌性，有些鸭子会出现生物学家所说的“强迫交配”的行为。它们因此而臭名昭著。这大概是因为许多雌鸟在筑巢的时候被捕食者抓走了。那些已经选择了基因优良的雄性配偶并成功交配的幸存者，可不想再抚养一窝后代。然而，大多数雄鸟正处于无所事事的状态，并试图在繁殖季后期进行最后一次尝试。这种尝试并不会让它们损失什么，毕竟孵卵工作都是由雌鸟完成的。

世世代代的强迫交配留下了一个物证，那就是结构极其复杂的生殖器。性别冲突最激烈的物种拥有最长的阴茎，比如棕硬尾鸭（*Oxyura jamaicensis*）和绿头鸭。相应地，这些物种的雌鸟也拥有更长的阴道。这些阴道充满了“死胡同”或螺旋角，但与本物种阴茎的扭转方向刚好相反。2009年，帕特里夏·布伦南巧妙地证明了这些进化“贞操带”的功效。她将管子沿不同方向绕成螺旋状，然后用高速摄像机拍下人工授精的过程。为此，她在一家鹅肝食品厂找到了一群提供精子的公鸭。

这些鸭科鸟类进行着长期的军备竞赛：雄鸟进化出越来越长的阴茎，雌鸟则逆向进化出防御手段，以保证选择配偶的自由。相比之下，白枕鹊鸭（*Bucephala albeola*）、林鸳鸯（*Aix sponsa*）和鸳鸯能够形成稳定的伴侣关系并维持数年，因此两性的生殖器都显得温和许多。总之，求偶过程中的所有戏剧性事件都围绕着一个问题——如何将自身基因最大限度地遗传给后代。

对页图

四只绿头鸭雄鸟围住一只雌鸟并试图与它交配。这种强迫交配可能会导致雌鸟溺死。

4

家庭生活

FAMILY LIFE

右图

这只幼年的蓝脚鲣鸟最终可能会杀死它那尚未孵化的同胞。

求偶或育雏？

从进化的角度来看，配偶就像是为下一代投资基因的合伙人。繁殖伴侣之间的性别冲突可能会在“谁来抚养孩子”这个问题上一直持续下去。求偶场中的雄性艾草松鸡或极乐鸟将它们的繁殖投入全都押在了求偶上。但对于大多数物种来说，雄鸟和雌鸟都必须节省足够的精力来养育后代。求偶和育雏之间存在不可避免的权衡与取舍，并可能在个体的一生中或整个谱系的进化史上造成不同的结果。

成功地养大一窝雏鸟需要两只成鸟，所以大多数鸟类形成了社会性单配制的配对关系。不幸的是，雄鸟并不一定能在育雏方面帮上忙。比如，雄性白领姬鹟（*Ficedula albicollis*）倾向于在相距60米以上的巢箱中筑巢，这可能是为了减少雌鸟间的冲突。然而，雌鸟可能会被已经交配的雄鸟所欺骗，从而与之再次交配。雄鸟一旦与第二只雌鸟交配，它就会将后者抛弃，回去抚养它的第一个家庭。失去了“丈夫”的协助，雌鸟养育的雏鸟数量将减少40%。

不过，欧亚攀雀（*Remiz pendulinus*）和环颈鸻（*Charadrius alexandrinus*）的单亲家庭依然能设法收拾烂摊子。在欧亚攀雀当中，如果父母双方在孵卵工作开始前都找到了更好的选择，它们就会各奔东西，导致30%~40%的鸟巢繁殖失败。就环颈鸻伴侣而言，当雌鸟在种群中的数量较少时，它们通常会率先离开——偏雄性比意味着雌鸟比雄鸟更容易再次交配。此外，幼年环颈鸻具有高度早成性。它们浑身被绒毛覆盖，在孵化几个小时后就能够奔跑，所以在单亲家庭中生存下来的可能性更大。

在另一个极端，黑背信天翁的一枚卵或一只雏鸟需要两只成鸟的轮流孵化或喂养，否则雏鸟将无法羽翼丰满。丧偶的黑背信天翁相互形成牢固的配对关系，并能够维持数年。两只雌鸟在抚养雏鸟时就像一对异性伴侣。然而，其中一个“寡妇”不得不放弃自己的卵，这是因为一对成鸟所获得的资源只够抚养一只雏鸟。

性别平等

在对来自100个科的650种鸟类进行比较分析后，生物学家发现，当性选择的作用（两性异型和配偶外亲权）最弱的时候，两性的亲代抚育是最平等的，而成年个体的性别比例也是最均衡的。换句话说，性别角色最平等的物种，也是那些两性都不太容易找到额外的社会伴侣或进行配偶外交配的物种。这可能会产生一种正反馈循环；由于两个性别的数量均不过剩，交配成功率就不存在不对称性——两个性别可以平等地竞争繁殖伴侣。这导致两性在形态和行为上十分相似，令它们拥有平等的生存机会，最终也使得成年个体的性别比例保持平衡。

对页图

一只欧亚攀雀正要返回鸟巢。在这个物种中，双亲的遗弃会导致多达40%的鸟巢繁殖失败。

家庭事务

养育后代可能涉及一些短期的“协商谈判”，包括谁来抚养、谁被抚养，以及在抚养中投入多少资源。协商可以通过伴侣间仪式化的鸣唱和舞蹈来进行，但两性的投入方式依然有所不同，这取决于它们对繁殖伴侣的感知质量。

蓝脚鲣鸟或信天翁夫妇需要双方的共同努力才能成功地把后代抚养长大。它们通常会保持多年的配对关系，并通过仪式化的二重唱和双人舞来反复确认关系。蓝脚鲣鸟夫妇会相互炫耀蓝色的蹼足。北美䴙䴘（*Aechmophorus occidentalis*）伴侣将笨拙的身体完全抬出水面，双双在水面上滑过，长长的颈部相互平行，令人叹为观止。在一些雁形目鸟类中，当一对夫妇成功地驱逐入侵者后，它们会在炫耀胜利的仪式上一齐扭动颈部和鸣叫。

蓝脚鲣鸟夫妇的舞蹈

蓝脚鲣鸟夫妇往往在一起生活很多年。每到繁殖季，它们就会欣赏彼此亮蓝色的蹼足，从而呈现出一场复杂的求偶仪式。

如果长期配对的伴侣能够比间断型单配制的伴侣养育更多后代，那么这些仪式或许有助于巩固配对关系。斑鸫鹛夫妇在一起的时间较长，就会在鸟巢当中拥有最稳定的帮手群体，并养育出更多的子女。同样，长期配对的蓝脚鲣鸟夫妇养育的后代比新婚夫妇多出35%。平等分配育雏工作的伴侣“离婚”的可能性较小。

左图

许多鸊鷉科（Podicipedidae）鸟类，包括图中的这对北美鸊鷉，会表演“双人求偶舞”。伴侣们运用芭蕾舞般的精准度来让动作同步。

对于生活在恶劣环境中的鸣禽来说，单亲家庭从来都不是一项合适的选择。相反，亲代双方都能从协调的育雏工作当中受益。斑胸草雀原产于澳大利亚的沙漠，它们会在交替孵卵的时候相互配合。在雄鸟觅食的间隙，生物学家对其进行了短暂的拖延。当它返回后，受到刺激的雌鸟会发出一段更为迅疾而短促的二重唱，示意雄鸟比平常离开得更久，需要把这段时间补上。雌鸟休息之后，它的下一班孵卵时间将会缩短。雄性斑胸草雀似乎知道这一点，所以会比平常更早回来替换它。

雄鸟和雌鸟能够在育雏方面协调合作的另一个原因在于，它们从饥饿的雏鸟身上所获得的信号不一定相同。而且，依靠自己的伴侣也比依靠雏鸟自身更加容易。例如，大山雀雄鸟只有在看到更多嗷嗷待哺的嘴时才会带回更多食物，而雌鸟则对视觉刺激和叫声都有反应。然而，如果生物学家以回放录音的形式增加了雌鸟听到的乞食次数，那么父母双方都会提高喂食速率。据推测，雄性大山雀会根据配偶的行为来增加自己的食物供给——如果雌鸟更了解雏鸟的需求水平，那么这种推测就说得通了。

如果父母双方能够分享关于雏鸟需求的信息，它们就能通过养育更多后代而受益。与大山雀不同的是，当实验人员将乞食鸣叫的音量放大一倍后，雄性华丽细尾鹩莺会对其做出反应，带回更多的食物。相比之下，雌鸟没有增加食物的供给，这可能是因为它们在等待更多的线索，以确认食物的额外需求。

继承者与牺牲品

父母甚至可以设置一个情境，让兄弟姐妹之间的竞争在困难时期为它们剔除最弱的孩子。猛禽和海鸟（比如鲣鸟）产生的后代数量大于它们能够成功养育的数量，并且在第一枚卵产下后就开始孵化。从第一只孵化的雏鸟到最后一只孵化的雏鸟——这种行为模式将它们的年龄错开。最后一只雏鸟通常被称为“保险后代”，因为它只有在先前产下的卵孵化失败的情况下才能生存。

上图

产下第一枚卵后，仓鸮就开始孵卵了。所以，第一只孵化的年长雏鸟具有明显的领先优势，为同胞之间的资源争夺创造了一个极端不公的竞争环境。

橙嘴鲣鸟（*Sula granti*）将这一做法发挥到了“专性弑亲”的极端：其双生后代中的一个总会杀死另外一个。蓝脚鲣鸟的情况相对平和一些：如果有足够的食物，两只雏鸟都有生存的机会。然而，如果雌鸟看见其配偶的蹼足变成没有吸引力的暗蓝色（由于雄鸟的身体条件变差或者生物学家进行了实验控制），它就会产下体积较小的卵，令第二只雏鸟的生存概率下降。有趣的是，在早年被“霸凌”的蓝脚鲣鸟非常强壮。它们即便从小被欺负，只要能生存下来，也能与年长的同胞拥有同样的繁殖成功率。

在东美角鸮（*Megascops asio*）当中，即使猎物充足，雏鸟间的争吵和互相残杀也很常见。与之相似的是，尽管濒危的马岛海雕（*Haliaeetus vociferoides*）在一开始会产下两枚卵，但人们在野外只见到过它们抚养一只雏鸟。1977年，一位鸟类学家报告了自己观察到的现象：一只小乌雕（*Clanga pomarina*）受到了年长同胞的欺凌和恐吓；它们的母亲不得不反复地连哄带劝，好让它接受食物。

仓鸮产下的后代也比它们能够成功养育的数量更多。在这个物种当中，雌鸟有策略地根据月亮的相位来改变产卵时间，而这取决于其配偶的羽色。

在繁殖季，雄鸟是家庭的主要供养者，所以它们的捕猎成功率对雏鸟的出飞率具有很大的影响。2019年，生物学家发现，比起红色型雄鸟，白色型雄鸟能在月夜捕捉更多猎物。这并不是因为后者在捕猎中付出了更多的努力，而是因为仓鸮的主要猎物田鼠会对其产生木僵反应，就像鹿在车头灯的强光照射下一动不动一样。当仓鸮那发光的白色羽毛被月光照亮时，田鼠被惊住不动的时间更长，从而更容易被捕获。在月色皎洁的夜晚，当红色型雄鸟在狩猎场上处于劣势时，它们的后代比白色型雄鸟的后代更小，体重也更轻。最年幼的雏鸟更容易受到这种差异的影响。因此，根据孵化的时间，红色型雄鸟的后代最终有可能获得较少的食物，面临更激烈的同胞竞争。值得注意的是，与红色型雄鸟配对的雌鸟在月光较弱的时候开始产卵，这样就能最大限度地缩短雏鸟在父亲捕猎效率较低的情况下成长的时间。

下图

橙嘴蓝脸鲣鸟是特化的弑亲者，即双生子中的一个总会杀死另外一个。图中这只年长的雏鸟霸占了亲鸟的荫蔽，将其年幼的胞弟推到阳光下。

鸟巢的信号

承诺是一种无法强制履行的契约，所以雄鸟将提供鸟巢作为求偶过程的一部分，令雌鸟在交配之前获得一些“父亲的贡献”的保证。有些鸟类在洞穴中繁殖，比如北极海鹦（*Fratercula arctica*）和红胸鸲；对于它们而言，大部分挖掘工作都是由雄性开始的。雌鸟如果认可它的工作，就会继续完成洞穴的挖掘。

雄性白尾黑鹏（*Oenanthe leucura*）的体重还不及一只高尔夫球，但它们仍然可以将重达自身体重50倍的小石子搬进鸟巢中。雄鸟建造的石堆越重，其拥有的后代就越多。当生物学家往雄鸟的石堆里添加石子时，雌鸟做出的反应是将产卵时间提前。目前，生物学家还没有发现任何关于石堆的结构或保护功能的明确证据。因此，他们认为这些石子的主要目的是向潜在的伴侣表明自身投入的质量。

其他的鸟巢信号包括羽毛和植物材料。雄性青山雀将羽毛带回自己打造的鸟巢，而雌鸟负责铺设内衬。生物学家为一个鸟巢增添了额外的羽毛，试图模拟另一只雄鸟曾经造访的景象。面对雌鸟与其他个体“私通”的风险，原先的雄鸟会减少自己对育雏的投入。

相反，当雌性青山雀带着大量的芳香植物回到巢中，它们的配偶会冒更大的风险来照顾雏鸟，从而提高后代的出飞率。这些植物可能会起到抑制寄生虫的作用，但这一点还未得到明确的证实。

住宅维护

鸟类运用许多方法来维持鸟巢的清洁，以抵抗捕食者和寄生虫。在鸣禽中，亲鸟从雏鸟的臀部收集粪囊，并将其丢弃到远离鸟巢的地方。犀鸟、戴胜和鹰的雏鸟会将它们的排泄物喷射到巢外。一些鸟类甚至在巢内外使用杀虫剂或抗菌物质。家朱雀和家麻雀会在鸟巢中放置一些烟头，以减少虱子的数量。

室内装饰

鸟类常用柔软的隔热材料来铺设鸟巢的内部。在北极圈内及附近筑巢的欧绒鸭

上图

雄性黑脸织雀会在繁殖季搭建20多个鸟巢。它们一边鸣唱和扇动翅膀，一边倒挂在自己的"工艺品"上炫耀，以吸引配偶。熟练掌握编织工艺需要练习，只有经过"检阅"的鸟巢才会被雌鸟所接受。而被拒绝的鸟巢通常会遭遇被拆除的命运。

（*Somateria mollissima*）是最初的羽绒制造者。它们从自己的胸部拔下绒毛，并将其作为鸟巢的内衬。公元7世纪，圣卡思伯特颁布了一项早期的动物保护法案，以保护英国东北海岸外的法恩群岛上的一处欧绒鸭营巢地，防止它们的绒毛被人类偷走。如今，仍有1 000多只欧绒鸭在法恩群岛繁衍生息，当地人称之为"卡迪鸭"，以纪念圣徒的荣光。现在，人们依然会收集羽绒来填充昂贵的被子和外套，但这种收集活动只在雏鸟离巢之后进行，具有可持续性。

卵的进化

对页图

这是装有一窝卵的窃蛋龙巢的俯视图。这些中国恐龙提供了一些最早的证据，表明筑巢和亲代抚育的出现先于现代鸟类的进化。

从本质上看，鸟巢就是一个延伸的子宫，用来保障卵和雏鸟（晚成性）的安全。雌鸟不会经历漫长的“妊娠期”，也不会诞下鲜活的幼鸟，而是在更早的发育阶段进行繁殖投入，比如卵。这种策略倾向于令两性平等化，原因是对于雄鸟来说，在产卵前离开可能无法保障父权。在这一点上，它们的共同投入处于伴侣的身体之外，这给了雌鸟一个几乎同等的、率先离开的机会。

正在孵卵的雄性鸵鸟

占优势地位的雌鸟将一半以上的卵产在一个公共鸟巢中，它与雄性鸵鸟共同承担孵卵的职责。而这个巢中也有其他雌鸟和雄鸟的卵。

早期的窃蛋龙下目（Oviraptorosauria）就已经开始在巢中产卵了。中国的窃蛋龙卵的历史可以追溯到白垩纪晚期，它们与现代鸟类的卵化石具有相同的色素结构。窃蛋龙的巢类似于平胸总目（Ratitae），里面有多只雌性的卵，并且所有的卵都是由同一只雄性孵化的。古生物学家认为，这些蓝绿色的卵可能与鸸鹋卵相似，其伪装色与巢的背景颜色相匹配。他们还推测，早在现代鸟类进化之前，雌性恐龙就在选择的作用下用蓝色的卵来吸引雄性投入孵化工作。2018年，雅斯米娜·魏曼和同事对另外14种恐龙的卵发射激光，而这些恐龙都与现代鸟类拥有共同的祖先。他们在这些卵中发现了使鸡蛋变成蓝色或棕色的同种色素。

在许多物种和两性之间，育雏过程也涉及大量相同的激素。生物学家发现，在哺乳动物中控制产奶和许多强烈母性本能的催乳素也驱动了雄性企鹅孵卵的父性本能。当生物学家阻断了雄性阿德利企鹅（*Pygoscelis adeliae*）体内的催乳素时，它在低温条件下的孵卵时间缩短了，导致其抚养的雏鸟数量减少。

与企鹅父母的悉心照料和孵化呈鲜明对比的是灰蓝叉尾海燕（*Oceanodroma furcata*），其胚胎经常被单独留在北太平洋的小岛上。不过，它们的生命力非常顽强，即使在10摄氏度的平均气温下，它们也能独自支撑数日。灰蓝叉尾海燕会深入白令海，飞到很远的地方觅食，时常会连续5天不在鸟巢。在寒冷的卵中，胚胎通过蛰伏的形式来推迟孵化。对于大多数卵而言，在平均46天的孵化期中，被亲鸟完全置之不顾的时间共有11天。但这段时间可能还要长得多，目前的最长记录是31天的空白期（无亲鸟孵化）和71天的孵化期（从产卵到出壳的时间）。

自然的鸟卵收藏节

与现代鸟类亲缘关系相近的恐龙谱系通常会把自己的卵埋起来。美国的蒙大拿州存在一些最早的证据，表明恐龙的亲代会照料后代。人们在那里发现了成片的白垩纪晚期化石，即集中在巢内的恐龙卵和幼崽。古生物学家认为，这些卵是由巢穴中腐烂的植物材料所产生的热量孵化出来的。以中国的黄氏河源龙（*Heyuannia huangi*）为代表的窃蛋龙进化出开放式的巢，与平胸总目相似；而平胸总目包括所有大型的、腿长的、不具备飞行能力的鸟类，比如鸵鸟和鸸鹋。

上图

这只凤头䳍（*Eudromia elegans*）与它的近亲属于古颚总目（Palaeognathae）。这一类群包括鸵鸟、鸸鹋和美洲鸵等平胸总目的鸟类。

在大多数哺乳动物和鸟类中，雄性比雌性更大、更显眼、更具有攻击性、更活跃，而雌性则更腼腆、更挑剔、更适合照料后代。然而，这种情况对于大多数鱼类来说是反常的；在猛禽中，雌性反而是体型更大的一方。与之相似的是，红胁绿鹦鹉的雌性是鲜红色和蓝色的，而雄性是纯绿色的——这一现象打破了许多人的原有认知。在这个物种当中，雌鸟比雄鸟更鲜艳，且存在更激烈的竞争。雄性对抚育后代的贡献可能出现在鸟类进化的早期。

平胸总目与另一种在地面筑巢的类群，即䳍形目（Tinamiformes），是现代鸟类谱系的最早分支（参照对页的古颚总目）。它们在大型的公共鸟巢中孵卵，一个鸟巢可能包含来自不同雌鸟的20枚卵。这些卵由一只雄鸟和一只优势雌鸟孵化。然而，后者经常将其他雌鸟的卵推到巢外，好让孵卵工作变得更加轻松。大美洲鸵（*Rhea americana*）的雌鸟也会在多只雄鸟的巢之间移动，而这些雄鸟负责孵化多达80枚的卵。虽然每个鸟巢中的卵可能在产卵时间上相隔两周，但它们都会在两天内孵化；这可能是由于卵中的雏鸟通过鸣叫协调了这一过程。多只雌性䳍会在多个巢内产卵，而雄鸟需要孵化巢中所有的卵。它们紧紧地趴在卵上，一动不动，研究人员甚至可以从它们身上拔下一根羽毛。

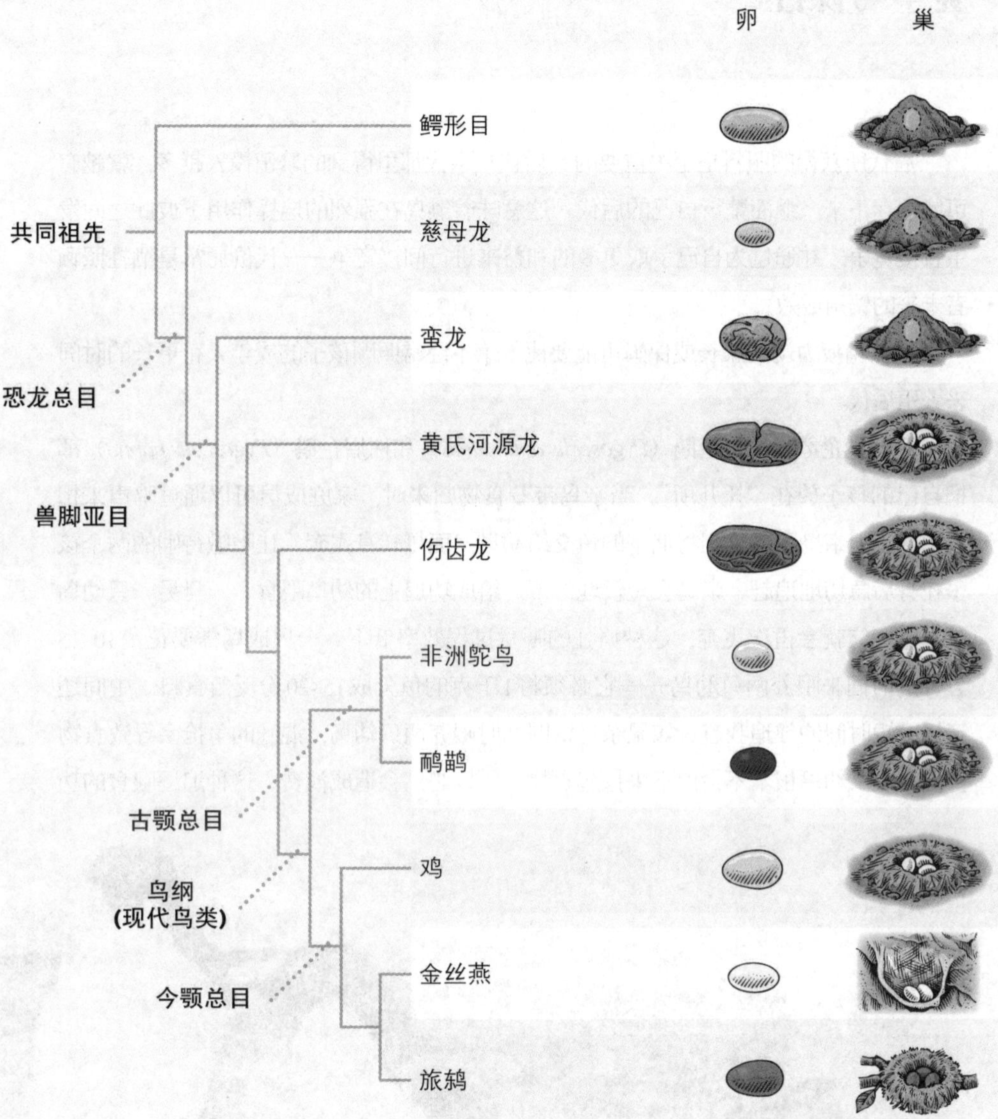

卵和巢的进化树

蓝色的卵分别在窃蛋龙、鸸鹋、鹅和鸣禽（以底部的旅鸫卵为代表）的分支上发生了进化。

竞争与操控

后代所获得的照料是至关重要的：后代从亲代那里得到的繁殖投入越多，就越有可能生存下来，继而繁衍自己的后代。这意味着雏鸟在强烈的选择作用下彼此之间发生直接竞争，并通过为自己争取更多的利益来进行间接竞争——代价通常是牺牲照顾者未来的繁殖成效。

一位精疲力竭的家长或保姆可能要比一个不经常照顾孩子的成年人花更长的时间来繁殖后代。

阿德利企鹅、纹颊企鹅（*Pygoscelis antarcticus*）和白眉企鹅（*Pygoscelis papua*）都把自己的孩子放在“托儿所”。当亲鸟带着食物归来时，家庭成员可以通过鸣声来相互识别。但亲鸟不会立刻将捕来的鱼交给幼鸟，而是转身飞奔，让嗷嗷待哺的两个孩子在身后急切地追赶。亲鸟会短暂地停下，给成功追上的幼鸟喂食；一旦另一只幼鸟赶上来，它就会再次飞奔。这种疯狂的喂食过程效率低下；一只成鸟需要花费10~15分钟的时间来喂养两只幼鸟——它必须将1千克的鱼分成15~20份反刍食料，中间还穿插着短时间的你追我赶。如果亲鸟试图同时喂养两只幼鸟，混乱的争抢会导致食物掉落在地。幼鸟根本不会停下来捡起食物，所以必然会造成浪费。这种追逐喂食的功

能之一可能就是拉开间隔，减少幼鸟之间的竞争。

在那些雏鸟高度依赖于亲代抚育的物种中，婚外配的增加也会提升乞食鸣叫的音量和自利性。之所以会出现这种现象，可能是因为同一个巢内的雏鸟来自不同的父亲，遗传投入差异较大，同胞之间的长期利益自然也就存在着分歧。

如果雏鸟能够进行亲缘识别，并且只有在被无关的雏鸟包围时才会更自私地寻求亲鸟的关注，那么它们就能将传递自身基因的机会最大化。更响亮、更自私的乞食鸣叫从本质上操控成鸟，甚至令它们将资源投入于无关的雏鸟，牺牲自己当前和未来的后代。

为了观察斑胸草雀和青山雀的雏鸟是否会在近亲存在的情况下减少自私的乞食，生物学家进行了一项巧妙的实验，并且涉及鲜为人知的鸟类嗅觉。首先，他们把一窝雏鸟放在袜子里，以捕捉气味。然后，他们将带有气味的袜子固定在挤压瓶上，就像我们在小餐馆里挤芥末酱或番茄酱一样，把带有雏鸟气味的空气吹进另一个房间里。这个房间里有一只单独的、饥饿的雏鸟。研究人员选择了年纪最小的雏鸟，因为它们最不可能是婚外配的产物。在失去食物的30分钟、90分钟和150分钟之后，这些雏鸟被暴露于带有气味的空气之中。当它们闻到熟悉或陌生的雏鸟气味时，乞食行为会如何变化呢？结果表明，面对同巢同胞的气味，雏鸟的乞食频率确实比闻到陌生气味时更少。不过，我们尚未明确这种识别亲属气味的能力来源于雏鸟在发育早期的学习，还是来源于基因的调控。

“快”餐

阿德利企鹅的亲鸟会让它们的孩子参与一场赛跑。捕食归巢后，它们通过反复的奔跑和追赶，为两只雏鸟轮流提供反刍的食物。

雏鸟的吸引力

如上所述，窃蛋龙类照顾幼崽的早期证据来自蒙大拿州落基山脉东部的化石巢穴。这些恐龙被命名为“慈母龙”，意思是“好妈妈蜥蜴”。这是因为这些幼崽的体型显然太大了，不可能是刚孵化出来的，很可能是由父母喂养的。此外，它们的头部具有缩短的鼻子和更大的眼睛，很像小狗或小猫；这表明小恐龙可能进化出了更可爱的外形，以吸引更多的亲代抚育。

鸟类的幼雏还可以通过红色的嘴来展示自己的健康状况，而健康的雏鸟对于它们的父母来说是更

下图

巢寄生者通常与它们的寄主（养父母）没有任何的亲缘关系，比如多种杜鹃会利用其他物种的亲代抚育来繁殖自己的后代。这就意味着雏鸟拥有更多发挥操控能力的空间。霍氏鹰鹃（*Hierococcyx nisicolor*）的雏鸟有一块翼斑，看起来就像另一张需要喂食的嘴。实验表明，这种刺激是有效的；如果把这块翼斑涂成黑色，寄主亲鸟带回来的食物数量就会显著减少。

具吸引力的“投资项目”。正如人们预测的那样，如果红色的嘴裂是一种代价高昂的信号，能够刺激父母提供更多的食物，那么只有繁殖于光线充足的巢穴、没有自理能力的晚成性雏鸟才会使用这种信号；繁殖于黑暗之中的鸟类则只需要浅色的嘴裂。雏鸟利用类胡萝卜素来让自己张开的嘴更有吸引力，而这种珍贵的色素也被成鸟用作展现自身质量的真实性信号。生物学家曾尝试着给新西兰的缝叶吸蜜鸟（*Notiomystis cincta*）雏鸟补充额外的类胡萝卜素，雏鸟的嘴裂变得更红，获得了更多的食物。然而，当亲鸟也补充类胡萝卜素之后，它们并没有增加对嘴裂更红的雏鸟的喂食量，反而开始繁殖第二窝。

上图

这只寄生的暗色维达雀（*Vidua purpurascens*）雏鸟利用嘴裂内部的装饰性图案来模仿寄主物种——红腹火雀（*Lagonosticta rhodopareia*）。

在美洲骨顶（*Fulica americana*）的生命开端，雏鸟头顶长着亮橙色的羽毛和红色的皮肤，而成鸟却是单调的黑色。雏鸟利用鲜艳的特征吸引父母的注意力，从而获取食物。显然，这种装饰性性状是有代价的。一旦发现危险的迹象，雏鸟就会把鲜艳的头部藏起来。然而，亲鸟的偏爱似乎导致了这种性状的进化。出现这一现象的原因尚未明确，可能是最鲜艳的雏鸟真实地展示了遗传质量或需求（年纪最小的雏鸟往往最具装饰性），也可能是雏鸟利用了亲鸟预先存在的感官偏差来博取更多的关注。

美洲骨顶的雏鸟受到非常强烈的选择作用的影响，因为该物种的雌鸟也会把卵产在其他个体的鸟巢里。成为一个自私而成功的乞食者，伤害与自己没有亲缘关系的同胞——这种行为的遗传成本并不高。此外，成鸟也处于选择的作用之下；它们要抵抗过度喂养寄生者的诱惑，以防牺牲自己的遗传后代。这就在美洲骨顶的成鸟和雏鸟之间形成了一场进化竞赛，后者变得越来越有吸引力，而前者变得越来越难以被吸引。

鸣声调谐

许多鸟类的鸣声不仅受到遗传的影响，还需要合适的学习环境来得到发展。这使得一些鸟类可以灵活地、有策略地使用鸣声。

交流系统可能会被“恶意劫持”。比如营巢寄生的杜鹃进化出特殊的能力，其雏鸟能够模仿一窝幼雏乞食的景象和声音，从没有亲缘关系的寄主父母那里获得最大限度的照料。华丽细尾鹩莺进化出一种反制的防御机制，可以检测出鸟巢中的“冒牌货”。虽然霍氏鹰鹃的雏鸟长得与华丽细尾鹩莺的

下图

早在孵卵初期，雌性华丽细尾鹩莺就会向尚未出壳的雏鸟传授一个特殊的密码，以便区分自己的雏鸟与杜鹃的雏鸟。杜鹃雏鸟无法将这个重要的密码融入乞食鸣叫中。

雏鸟极其相似，甚至进化出几簇类似的绒毛，但它们经常被成年的华丽细尾鹩莺所排斥。雌性华丽细尾鹩莺采用了一种特殊的孵卵鸣叫——群体中的其他照顾者和在卵壳中发育的雏鸟共同学习这套关键的密码音节。而杜鹃的卵是在几天后产下的，雏鸟错过了学习关键密码的时机，因此无法将其融入乞食鸣叫中。这令成年的华丽细尾鹩莺能够识别出混入巢中的杜鹃雏鸟，只喂养自己的后代。

雌性斑胸草雀也会透过卵壳对雏鸟发出鸣声信号。只有在气温上升到25.5摄氏度以上的年份，该物种才会使用孵卵鸣叫。这种独特的鸣叫减缓了胚胎的发育，提高了雏鸟出飞的概率。对于炎热条件的预先准备似乎具有持续性影响：透过卵壳听见这种特殊鸣叫的雌鸟会拥有更多的后代，而且更喜欢在较高的气温下繁殖。

除了让后代提前适应气候条件，斑胸草雀等鸣禽还可以作为幼鸟的鸣声学习榜样。在隔音室中长大的幼年斑胸草雀会发展出非常混乱的鸣叫；比起那些在成年个体身边长大的幼鸟，它们的鸣唱与该物种在性成熟时的鸣唱几乎没有什么相似之处。但令生物学家吃惊的是，经过几代的文化演进后，这些被隔绝的斑胸草雀的后代又慢慢地趋向于一个更复杂的鸣声结构，与该物种的野外种群类似。如果被剥夺了鸣声范例的第一代可以对它们的后代鸣唱，那么第二代就会开始发出一种更像野生祖先的鸣唱。到了第三代，鸣唱将变得更加复杂，以此类推。在短短几代的时间里，一个斑胸草雀的种群就进化出该物种的原始鸣唱，而不再发出被社会性隔绝的第一代的混乱鸣唱了。

在另一项针对家养的雄性白腰文鸟（*Lonchura striata*）的实验（雌鸟不鸣唱）中，生物学家发现，遗传差异会影响鸣唱的节奏。年幼的雄鸟能最准确地学会与其父亲的节奏相匹配的鸣唱。为了确保饲养环境的其他方面不会影响鸣唱的学习，生物学家交换了不同鸟巢中的卵，让幼鸟由非生物学父母抚养。随后，这些幼鸟只能听到电脑生成的鸣唱。如果电脑生成的鸣唱节奏与它们遗传意义上的父亲的节奏最为接近，那雏鸟就能更准确地重现这段鸣唱。这一结果说明，虽然白腰文鸟的鸣唱内容可以进化，且存在文化差异，但鸣唱的速度受到某种基因的控制，并影响个体的学习能力。

留守家中

在发达国家，许多人都面临着后代推迟离家的亲子问题；鸟类亦是如此。让成年后代留在原先的家庭中，在多大程度上有助于或阻碍了它们未来的成功呢？

成年后代留守家中的物种或种群倾向于在稳定的环境中生活。在这种环境下，成年后代的年死亡率很低，导致领地归属的更替率也很低。即使在性成熟后，它们也需要较长的时间才能完全独立，所以留在父母家中是有益处的。年幼个体可以通过父母的“裙

下图

在蒙大拿州的特洛伊市，一只雄性西蓝鸲正准备将食物带回鸟巢。

带关系”继承领地，获得物质上的利益，而不是简单地因为资源饱和而推迟离家。

聊胜于无

如果西蓝鸲（*Sialia mexicana*）的雄鸟筑巢失败、没能获得配偶或占据领地，从而无法繁殖，它们就会帮助自己的雄性亲属。抚养兄弟姐妹的贡献并不能弥补独立繁殖的损失，但从进化的角度来看，这比完全不遗传基因来得好。在蒙大拿州西部，巢洞是有限的资源。搭建巢箱致使独立繁殖者的数量更多，而雄鸟在迁徙归来后帮助父亲的情况也减少了。在加利福尼亚州的山区，西蓝鸲全年守卫着长有槲寄生植物的领地，这是它们在冬季赖以生存的资源。如果槲寄生植物的浆果供应不足，或者被生物学家移除，西蓝鸲父亲就会将它们的儿子赶走。然而，就像丛鸦一样，拥有较大领地的亲鸟通常允许它们的儿子占据一部分家族领地，从而使后者受益。

任人唯亲

许多人类父母都曾帮别人照顾孩子。大约有十分之一的鸟类是合作繁殖者，即有两只以上的成鸟共同照料一个鸟巢。绝大多数的合作繁殖者会帮助和接受遗传亲属的帮助。这对于白额蜂虎（*Merops bullockoides*）、群织雀（*Philetairus socius*）和北长尾山雀来说尤其方便，因为它们的鸟巢相距很近；对圣岛嘲鸫（*Mimus melanotis*）、西蓝鸲和矿吸蜜鸟（*Manorina melanophrys*）而言也是如此，因为它们的领地边界是流动的。在这些物种中，同性别的兄弟姐妹（通常是雄性）与父母生活在一起。这种有限的分散打造出一个亲族社区：个体只要搬到隔壁，就很可能是在帮助一位亲属。

小嘴乌鸦的亲鸟对自己的成年后代比对外来者更加宽容。比如，优势雄鸟会把外来的雄性繁殖者拒之门外，让自己的成年儿子和女儿先于群体等级制度中的“上级”进食。如果优势雄鸟拥有大胆的性格，它们会鼓励害羞的后代探索和尝试新的食物。在斑鸫鹛和华丽细尾鹩莺中，当优势雄鸟死后，其儿子将继承一个繁殖者的席位。它们比自己的姐妹更有可能留下来成为帮手。

相反，与非亲属个体一起繁殖的鸟类会在群体中经历更多的冲突。抢巢、弃卵和杀婴在墨西哥丛鸦与犀鹃当中较为常见，而它们都是与非亲属个体一起筑巢的。

灵活的家庭生活

合作的小嘴乌鸦

小嘴乌鸦是灵活的合作繁殖者。当空间资源饱和时，成年后代会留下来帮助原先的繁殖伴侣。不过，如果有足够的空间令所有个体拥有自己的领地，核心家庭就会形成。

在食物富足的社区，小嘴乌鸦会留在原先的家庭中帮忙，但在贫瘠的社区则不然。比如，位于西班牙北部和瑞士城区的小嘴乌鸦种群进行合作繁殖，但在欧洲的大部分地区并非如此。正如生物学家所示，这是一种对环境的反应。

在实验中，他们从繁殖于瑞士乡村的小嘴乌鸦那里取一半的卵，转移到西班牙北部的合作繁殖者的鸟巢中。他们发现，大多数在西班牙长大的雏鸟会留下来帮助它们的养父母，而留在瑞士的兄弟姐妹没有一丝迟疑，全都离开了原先的家庭。当生物学家用补充的狗粮罐头（乌鸦最喜欢的食物）提高了领地的“财产价值”后，他们发现，比起没有补充食物的地方，这里的成年后代推迟了扩散的时间。

合作繁殖的小嘴乌鸦所组成的群体可包含多达9只的成鸟。所有成鸟都会全年协助守卫领地、筑巢、喂养雏鸟和清除巢中粪囊的工作。只有一只雌鸟参与繁殖，但DNA证据表明，除了它的社会伴侣（即优势雄鸟）以外，它也会跟外来的雄鸟交配；而这些外来的雄鸟通常是优势雄鸟的表亲。成年的后代会留在原生家庭的领地，协助父母的时间可长达4年，但不参与繁殖。

获得更多帮助的雌性小嘴乌鸦会产下体积较小的卵。在多个帮手的协助下，它们更专注于自我维护。小嘴乌鸦的亲鸟谨慎地听着雏鸟的乞食鸣叫，有时甚至会从它们嘴里再把食物捞出来。这种情况可以发生在亲鸟和帮手给雏鸟喂食的过程中，但只有亲鸟（通常是雌鸟）才会把食物取回来自己吃掉。当生物学家喂养雏鸟后，雏鸟乞食的次数减少，亲鸟假意喂食的次数就会增多。同样地，如果研究人员修剪了亲鸟的羽毛，令其飞行变得困难，这种情况也会发生。相比之下，即使帮手们在身体上存在着类似的缺陷，它们也不会假意喂食，而是通过带回更多食物来补偿亲鸟方面减少的投入。帮手们也会协助放哨的工作，但仅限于成年个体。

专业劳动

你可能会觉得，雌性小嘴乌鸦只关心自己的利益。但除了负担产卵的成本之外，它们还要执行特殊的任务。多只成鸟在场的时候，它们的警惕性都会降低；亚成个体的存在被忽略了，这可能是因为它们不能发出正确的警报，在警戒时所能提供的帮助较为有限。一个群体的所有成员都要从鸟巢中移除雏鸟产生的粪囊（就像换尿布一样），但只有参与繁殖的雌鸟才能完成清洁雏鸟和鸟巢、疏松鸟巢内衬的专业工作。它最关心的事可能就是巢内的卫生，毕竟它是主要的孵化者。

上图

在合作繁殖的鸟类当中，塞岛苇莺（*Acrocephalus sechellensis*）是一个罕见的异类，其鸟巢的帮手通常是雌鸟而不是雄鸟。

谁来照料?

和多数合作繁殖的鸟类一样，小嘴乌鸦的雄性后代比雌性后代更有可能成为帮手，所以需要帮手的群体倾向于抚养更多的儿子。华丽细尾鹩莺中的帮手也通常是年幼的雄性，它们推迟扩散和繁殖的时间，协助自己的父母。而雌性后代总是会离开原生家庭；这种行为的风险更高，导致华丽细尾鹩莺种群里的成年雄鸟总比雌鸟多得多。与之相对的是，红背细尾鹩莺的雌鸟和雄鸟都会留下，两个性别的帮手是一样多的。

实际上，低等级个体可能是隐秘的繁殖者。雄性华丽细尾鹩莺可能会与繁殖雌鸟私下交配，或者借助优势雄鸟的吸引力来获得更多的配偶外交配机会。低等级雌性塞岛苇莺会偷偷地把自己的卵产在优势雌鸟的窝中，从而直接获益。大概是出于这些原因，在斑鸫鹛当中，低等级雄鸟总会比优势雄鸟的遗传亲属更早地被驱逐出群体。

在合作繁殖的鸟类中，塞岛苇莺是一个罕见的异类，因为它们的帮手大多是雌鸟。在这个物种当中，低等级雌鸟的收益是低等级雄鸟的3倍。从遗传上看，雌性帮手与其协助抚养的雏鸟更有可能是近亲。雌性后代的扩散程度比雄性后代低，而且只在它们的母亲是繁殖者的情况下才会提供协助，毕竟一窝雏鸟当中可能有40%的个体来自配偶外交配的父亲。虽然低等级雄鸟无法跟参与繁殖的雌鸟交配，但低等级雌鸟有时会偷偷地把自己的卵产在母亲的鸟巢中。如果成功了，那么它们不仅是在协助抚养自己的弟弟或妹妹，也是在抚养自己的后代。

寻求帮助

大量合作繁殖者生活在条件恶劣、变幻莫测的地方，比如沙漠和岛屿。其中，许多物种甚至没有领地意识，比如生活在澳大利亚内陆的栗冠弯嘴鹛（*Pomatostomus ruficeps*）和卡拉哈里沙漠的群织雀，所以资源的饱和并不能解释其参与合作繁殖的原因。

在位于肯尼亚的一项自然实验中，生物学家观察到集群筑巢的斑鱼狗（*Ceryle rudis*）在两个截然不同的湖泊中觅食，导致其帮助行为存在差异。实验表明，处于逆境中的斑鱼狗更需要帮助。维多利亚湖中的鱼骨瘦如柴、缺乏营养、难以捕捉，斑鱼狗潜水捕猎的成功率只有24%。这些斑鱼狗在鸟巢和湖泊之间的往返时间也更长。在这里，繁殖伴侣总有帮手，而且许多帮手与繁殖者没有血缘关系。相比之下，奈瓦沙湖为斑鱼狗提供了触手可及的、肥美且容易捕捉的鱼（捕猎成功率为80%）。在这种适宜的条件下，帮手对提升后代数量没有太大的作用，且繁殖伴侣唯一的帮手就是它们的儿子。

艰难生活

“艰难生活”假说认为：当集体合作的收益超过单打独斗时，个体必然会在群体当中繁殖。这些地区的合作繁殖已经发生了进化，可以在群体与不可预测的干旱和饥饿之间起到缓冲作用。该假说预测，帮手在逆境中比在顺境中更有价值。因此，在食物较少的条件下，帮手的数量将会增多。

例如，巨大的茅草巢是群织雀繁殖的场所，相当于鸟类的公寓大楼。当生物学家为这些群织雀提供了额外的食物后，他们实验性地减少了帮手在干旱年份的繁殖收益。肯尼亚的白额蜂虎也是集群筑巢的，在干旱年份拥有更多帮手。干旱令昆虫数量减少，需要两只以上的成鸟才能带回足够的食物。此时，繁殖者从集体供应中获得的收益比在资源丰富时更多，而40%的帮手都是前繁殖者。

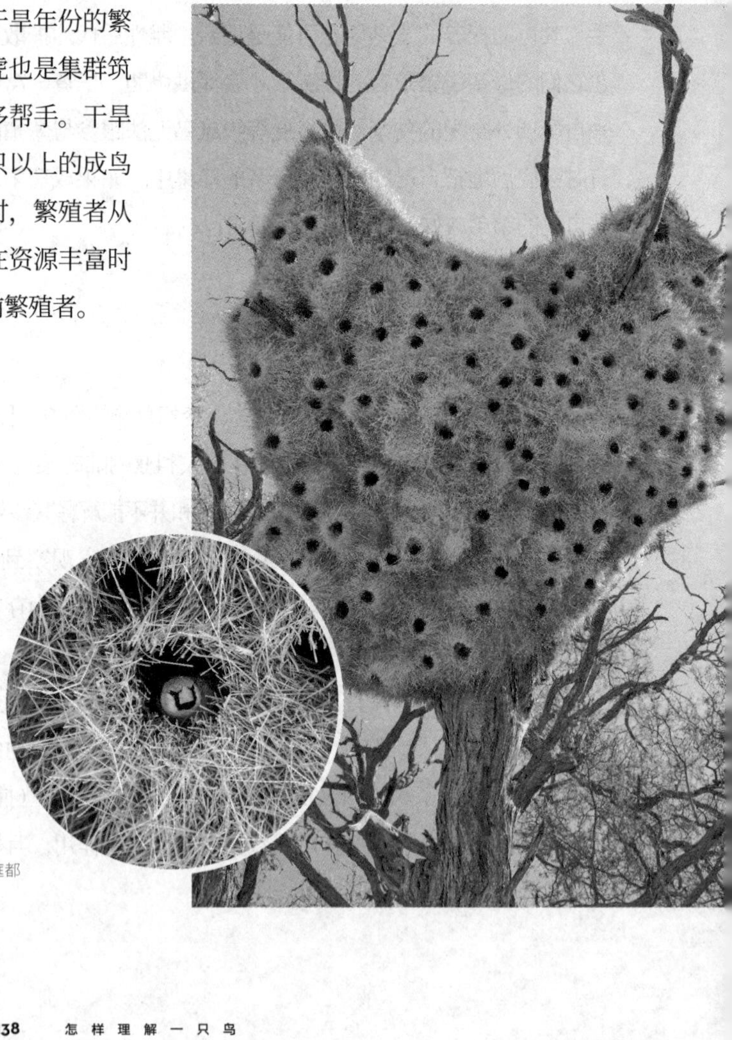

右图

群织雀在“鸟类公寓”中繁殖，每个家庭都在公共的茅草结构上搭建自己的鸟巢。

风险对冲

“风险对冲”假说与“艰难生活”假说略有不同。前者认为，尽管帮手在困难时期仍然是有益的，但较大的群体也会在资源丰富的时候增加繁殖。无论环境条件如何，另一种肯尼亚鸟类——栗头丽椋鸟总在大型的群体中繁殖。生物学家认为，由于肯尼亚中部极其难以预测的降雨模式，栗头丽椋鸟个体繁殖失败的风险极高；它们的最佳策略始终是通过群体繁殖来对冲风险。一群稳定的低等级个体可以对不确定性进行缓冲。这种椋鸟生活在复杂的两极社会，其中有多个繁殖者。

大就是好

生活在恶劣环境中的黑背钟鹊也是合作繁殖者，有着复杂的大型群体。生物学家在2019年提出，在大型群体中驾驭复杂的“政治关系”可以让个体得到训练，使其在成长过程中逐渐变得更加聪明。在研究人员设计的一系列智商测试中，来自大型群体的成鸟表现更好。研究表明，体型、食物的数量和其他性格特征（比如害羞或规避风险）与智商的差异无关。这一现象也不仅仅是更聪明的个体聚在一起的结果。

聪明是有好处的，因为智商测试分数最高的雌鸟能够养育最多的后代，而它们也是最善于寻找食物的。相较于测试分数较低的雌鸟所抚养的雏鸟，这些高智商雌鸟的后代并没有获得更多的热量或体重。所以人们猜测，这些雏鸟获得了质量更高、更多样化的食物。但在黑背钟鹊中，配偶外父权的比例很高；我们还不知道这种智商差异在多大程度上是由遗传质量造成的。然而，生物学家意识到这是部分习得的结果，因为来自大型群体的亚成个体只有在出飞200天后才会显现出比小型群体的亚成个体更高的智商。再过100天，智商的差距还会进一步扩大。

乌鸦和钟鹊一样，都以聪明著称。相关的早期研究证明了大型群体中的群居生活是促使野生鸟类发育为高智商个体的主要因素之一。

绑架帮工

在某些情况下，大型群体这一结构对生存至关重要。合作繁殖者必须竭尽全力，确保有足够的帮手。据观察，斑鹟鹛会绑架邻近的幼鸟，并将其抚养成未来的帮手。

就像许多在恶劣环境中生存的合作繁殖者一样，卡拉哈里沙漠的斑鹟鹛需要孵卵、喂雏、陪护、警戒、守卫领地、防止邻居群体和捕食者侵扰等方面的协助。

在干旱的年份，帮手尤其有用。此时，较小的群体或者伴侣通常无法守住领地或繁殖成果（最好

绑架过程中的一系列事件

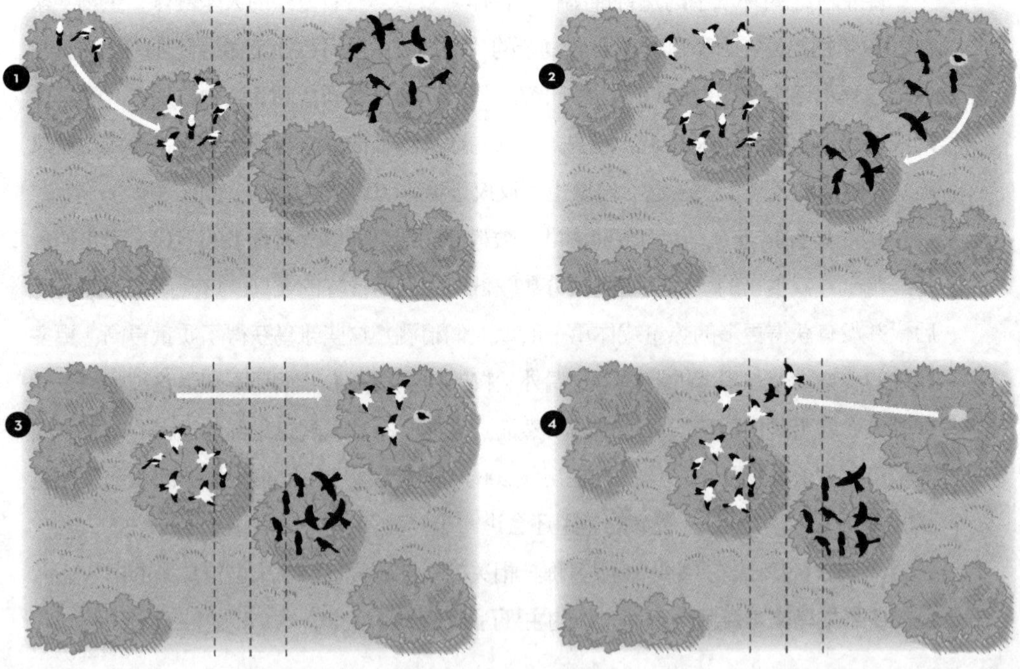

斑鸫鹛

斑鸫鹛生活在干旱的卡拉哈里沙漠，需要整个群体来抚养一窝雏鸟。年幼的斑鸫鹛对任何食物（包括陌生个体提供的食物）都会做出贪婪的反应。这使得邻近的成年群体很容易将毫无戒心的亚成鸟引诱到敌人的领地，并将其培养成本群体的帮手。

的方式之一就是招募帮手），存在灭绝的风险。这些小型群体有两个选择。它们可以合并成一个临时联盟，到了旱季结束的时候再解散，但这种情况在具有领地意识的物种当中极为罕见。或者，它们可以绑架邻近群体的幼鸟，并将它们抚养成未来的帮工和群体成员。

绑架是围绕着一系列特定事件展开的。它开始于一场边界争端的爆发（1）。当邻居们因争吵而分心后（2），小型群体就会潜入它们的领地，寻找隐藏的雏鸟，并试图躲过看护者的视线（3）。绑架者一边用喙叼着诱饵，一边发出轻柔的食物召集令——这种组合让贪婪的幼鸟难以抗拒。由于幼鸟会盲目地跟随任何一只持有食物的成鸟，绑架者只需要慢慢后退，就能把这个毫无戒心的受害者引诱出来，使其安全地越过边界（4）。到了这个时候，群体的其他成员就会丢下边界争端的事宜，加入绑架者的行列，把幼鸟诱拐到自己的领地中心。在这里，被绑架的幼鸟就如同绑架者自己的后代一样，并成长为它们的帮手。

了不起的平衡

尽管互惠原则应限制没有血缘关系的群体在成员中平均分配繁殖收益，但个体成员依然会为了夺取更大的利益而明争暗斗。矛盾的是，在使用公共鸟巢的合作繁殖者中，平等可以通过增加群体内部的竞争来维持。

在一个群体中占据最高地位的回报可能没有外人想象的那么大。当生物学家在产卵期间移走一群橡树啄木鸟中的优势雄鸟时，它会在归来后摧毁所有的卵。或许，它怀疑窝中的卵都不是它的后代，因此杀婴是迫使雌鸟重新产卵的最佳方法，使它得

下图

与大多数合作繁殖者不同，橡树啄木鸟使用公共巢穴，即多对繁殖伴侣使用一个鸟巢，共同分担养育后代的责任。

以保障部分父权。

在纹胸织雀的群体中，参与繁殖的优势雌鸟要比它的低等级个体遭受更多的氧化损伤（一种有压力的迹象），这表明其压力更大，衰老得更快。在斑鸫鹛当中，只有一对伴侣繁殖，不忠的情况非常少见。然而，这是以巨大的内斗为代价的，尤其是在刚刚成立的群体中，雌鸟间的争斗十分激烈。在争夺最高的繁殖者地位的过程中，雌鸟会相互驱赶，甚至会吃掉正在繁殖的雌鸟的卵。

联盟与终身收益

丛鸦实行一夫一妻制，且雄性后代留在家中；相反，橡树啄木鸟的群体由两性的联盟组成，所有个体都参与繁殖。同性联盟的多数成员互为亲属。由于严格的近交禁忌，留下来作为帮手的后代永远不会与繁殖者交配。雄性橡树啄木鸟在群体之外待一段时间后，往往会继承其父亲的位置；一旦群体内出现繁殖空缺，它们就会返回出生地。当同一性别的繁殖者全都死亡或离开时，它们的位置就会遭到竞争联盟的激烈争夺；随之而来的权利斗争可能会持续数日。较大的联盟通常会获胜，但没人知道为什么它们宁愿等待，也不主动接管现存的小联盟。

困境减少两极分化

褐头凤鹛（*Yuhina brunneiceps*）实行社会性单配制。雄性和雌性都建立了一套等级秩序，雌鸟为了在公共鸟巢中拥有更多的卵而竞争。无论是谁在巢中产卵，雌鸟总会爬到它的身上扭打起来，并用喙啄它，试图将其推到巢外。当食物充足时，优势雌鸟往往能赢得最多的争斗，更早地开始产卵，并开始在夜间孵卵。最后产下的卵生存机会最小，因为它们是最后孵化的（如果能够成功孵化的话）。

然而，当资源匮乏的时候，斗争就不那么激烈了。这样一来，所有个体产下的卵都会减少，从而使优势雌鸟和低等级雌鸟之间的繁殖成效更加均衡。食物变得稀缺后，低等级雌鸟比优势雌鸟更容易与群体内外的雄鸟进行交配，这或许是为了提高后代的遗传质量。

姐妹间的口角

共同筑巢的合作繁殖者具有高度多样化的行为模式，既有平等主义，也有近乎寄生的倾斜主义。在共同筑巢的啄木鸟和新大陆的四种杜鹃中，共同繁殖的雌鸟之间存在激烈的、充满破坏性的冲突，但这种行为出人意料地增强了繁殖的平等性。第143页描述了橡树啄木鸟群体的闹剧。

对页图

这是一枚圭拉鹃的卵，其天蓝的底色上装点着精美的白色花纹，可以与韦奇伍德瓷器相媲美。

另一种啄木鸟——草原扑翅䴕（*Colaptes campestris*）也以群体的形式繁殖，并全年守卫着领地。生物学家曾观察到这两个物种的卵突然消失，且没有卵被捕食的痕迹。如果草原扑翅䴕因为捕食者而损失一窝卵，它们就会在一个新的洞穴中重新筑巢。但上述情况并没有导致鸟巢的迁移，并且只出现在群体繁殖的种群，而非成对繁殖的伴侣中。针对鸟卵的神秘消失，最可能的解释是，雌鸟们为了占据一窝卵中的最大份额，移走了其他雌鸟的卵。

右图

圭拉鹃是共同筑巢、合作繁殖的四种新大陆杜鹃之一。

从弃卵到杀婴

与其他三种犀鹃不同，圭拉鹃的群体不是由配对的社会伴侣所组成的。或许，犀鹃只花了1%的时间来守卫领地，而交配状况更加混乱的圭拉鹃根本没有时间来看住自己的配偶。

圭拉鹃的群体包含亲属和非亲属；与共同筑巢的雌性成员相比，雄性成员具有更近的血缘关系。群体中的成鸟一起觅食。大型群体（包含4~15只个体的群体）可以提高觅食效率，更好地抵御捕食者。

圭拉鹃的卵是绿松石般夺目的蓝绿色，表面覆盖着蕾丝花边般的图案，这与刚产下的犀鹃卵上包裹的白垩色物质是一样的。它们的美丽摄人心魄，早期的观察者将其比作韦奇伍德瓷器。有趣的是，尽管圭拉鹃经常通过弃卵来减少公共鸟巢中的窝卵数，但这些精致的卵壳花纹并不是一种标志物，无法避免雌鸟杀死自己的后代。

除了卵之外，生物学家还注意到，通常在孵化的几天后，几乎每天都有雏鸟消失。他们在鸟巢下方发现了一些死亡和受伤的雏鸟。另一些雏鸟则被成鸟叼到30~40米的高处，然后从半空中被抛了下来，并受到多个群体成员的攻击。杀婴现象十分普遍，可能导致整窝雏鸟的覆灭。至今还没人发现成鸟维护雏鸟的情况。

或许，正因为杀婴需要付出巨大的代价，雌性圭拉鹃一般不会参与这种极具破坏性的弃卵循环。而且，无论群体的大小，每只雌鸟只能在一窝中产2~3枚卵。圭拉鹃在产卵上的投入较少，所以在公共鸟巢中，第一次产卵的个体更有可能不占份额，这给了它们杀婴的动机。包含更多亲属的群体所遭遇的杀婴和冲突现象较少。不幸的是，我们可能无法明确这一谜题背后的原因了。巴西利亚周围的城市发展导致这项研究过早地结束了。

5

应对危险

DEALING WITH DANGER

右图

芦鹀（*Emberiza schoeniclus*）正在攻击一只试图把卵产在自己巢中的大杜鹃。

站岗放哨

在紧密的群体中生活和繁殖有利也有弊。一方面，较大的鸟群可能更容易吸引捕食者或传播疾病；另一方面，协调群体中的个体可以节省用于保持警惕的时间和精力。即使是在完全不协调的群体中，数量也能带来纯粹的安全，因为群体降低了任一特定个体成为捕食者午餐的概率。

在大型群体中，合作繁殖者的生活和工作会更加顺利。比如斑鸫鹛，它们不仅通过守卫领地、抚育后代等方面的额外帮助而获益，也大大节省了用于警戒的时间。群体中的所有成鸟都可以充当哨兵。这些鸟将95%的觅食时间都花在地面上，在沙子里寻找猎物。这使得它们很难留意接近的捕食者，或者确认当值的哨兵是否走神。

为了表明自己正在积极地站岗，充当哨兵的斑鸫鹛会唱一曲特别的“守望者之歌”。生物学家安迪·雷德福与同事对觅食的斑鸫鹛播放各种各样的声音，证明了“守望者之歌”具有特定的含义，能够令一个群体寻找更多的食物。首先，觅食的个体可以减少用于警戒捕食者的时间，这意味着它们可以更高效地觅食。其次，听到“守望者之歌”的个体会放下戒心，到距离更远的地方觅食。这样一来，它们就不会争夺同样的猎物，也不会重复检查那些已经被其他群体成员搜刮过的地方。这是一个正反馈循环：较大的群体更可能拥有哨兵，从而增加群体成员的生存概率，最终又形成更大的群体。

斑鸫鹛的哨兵和觅食者甚至可以通过鸣叫的频率来示意自身的饥饿水平，叫得越快代表越饿。然后，它们利用这些信息来协调放哨工作的轮岗。哨兵付出的机会成本不仅仅是不觅食。当它们停栖在一个显眼的位置不停歌唱，让其他成员安全地觅食，它们也更容易受到捕食者的攻击。然而，除了少数被绑架的成员以外，斑鸫鹛群体往往由近亲组成——这种情况可以减少冒险和利他行为的成本，比如站岗放哨。相比之下，共同筑巢的滑嘴犀鹃群体由非亲属组成，不存在有组织的放哨行为。

在合作繁殖的细尾鹩莺中，参与繁殖和不参与繁殖的雄鸟都会站岗。与帮手较少的雄鸟相比，拥有更多帮手的繁殖雄鸟有更多的时间用于放哨。当靠近或离开一窝雏鸟的时候，哨兵的存在也让群体中的成鸟减少花费于警戒危险的时间。然而，作为华丽细尾鹩莺的主要巢捕食者，斑噪钟鹊（*Strepera graculina*）的捕食成功率不会受到哨兵的影响。

对页图

在非洲南部，一只斑鸫鹛哨兵发出警报，提醒它的群体成员可能有危险。

围攻

你可能见过这样的景象：乌鸦站在树上大声吵闹，或者一群小鸟对飞行的猛禽紧追不舍。你甚至可能亲身体验过海鸥的粪便轰炸。这些案例是自然界中普遍存在的防卫行为，被称为围攻。

鸟类会围攻潜在的威胁，所以人们通常在繁殖季之前和期间观察到围攻行为——这正是繁殖激素激增的时候。在繁殖季的早期，红翅黑鹂的雄鸟会攻击任何飞过其领地的东西，包括竞争对手。许多物种群起而攻之，企图驱逐捕食者，使其远离它们的鸟巢和幼雏。在筑巢的季节，黑背钟鹊会凶猛地攻击人类（瞄准眼睛），导致路过的孩子们不得不在头上套水桶。受害者们还在网络上发布了黑背钟鹊袭

击事件的实时地图。围攻还能令埋伏的捕食者（如猫头鹰或猫）暴露出来，同时警醒周围的所有生物。鸟类的警戒鸣叫通常可以被跨物种识别，从而招来多个物种的围攻。

对于具有社会性的鸟类而言，围攻也可以教会年幼的群体成员什么是该提防和攻击的对象。众所周知，乌鸦、钟鹊和寒鸦能够记住袭击过它们鸟巢的危险人类，并通过观察年长个体来了解围攻的对象。生物学家康拉德·洛伦兹（1903—1989）曾因研究动物行为而获得诺贝尔奖。在《所罗门王的指环》一书中，他讲述了许多有趣的故事。比如，他曾被迫穿上一身魔鬼戏装，让屋顶上的寒鸦误以为有一个陌生人要来绑架它们的雏鸟。然而，即使人类改变了穿着，黑背钟鹊依然能认出他们。

许多鸟类采取俯冲的方式来围攻捕食者，尤其是那些具有猛禽或猫头鹰轮廓的鸟。霸鹟是一类极具攻击性的物种；在空中攻击大型捕食者时，东王霸鹟（*Tyrannus tyrannus*）通常会用爪子紧紧抓住鹰的背部。

对潜在捕食者的空袭

王霸鹟在对潜在捕食者（如鹰）发起围攻的时候表现得尤为激烈。

危险的编码与窃听

当观鸟爱好者发出“吱吱”、“咔嚓”或“嗞嗞”之类的“呸声”时，他们其实是在模仿小型鸟类的一般警戒或召唤鸣叫，好让藏在灌丛中的不明鸟类现身。这种声音有时能够起作用，因为许多鸟类都会偷听其他物种的警报。

与之类似的是，如果生物学家用扩音器播放围攻鸣叫来模拟捕食者的入侵，那么周围的所有个体都会提高警惕。每只鸟都会减少觅食的时间，增加用于观察危险的时间。另一个方法是播放停栖的捕食者，比如小型猫头鹰的鸣叫。在这种情况下，鸟类也会倾向于靠近扬声器或发出“呸声”的人类，以调查可能的危险来源。

对页图

一只远东山雀听到代表蛇的警戒鸣叫后，开始寻找蛇的存在。

虽然一些鸟类会在紧密的社会群体中协调站岗放哨的工作，但即便是我们更熟悉的一些物种，也有非常复杂和特殊的警戒鸣叫，比如旧大陆的山雀和新大陆的山雀（均属于山雀科）。这种鸣叫可以触发围攻行为或截然不同的反应，具体取决于编入鸣叫的威胁内容。

面对不同类型的捕食者，日本的远东山雀（*Parus minor*）会发出不同的警戒鸣叫。通过播放事先录制的不同声音，生物学家铃木俊贵和他的同事发现，刺耳的“喳”声代表蛇；这种噪声会让正在孵卵的雌鸟飞出去，令巢洞中的气味和热量变得稀薄，不利于蛇对猎物的探测。与之相对的是，叽喳声代表运用视觉捕猎的捕食者，比如哺乳动物或鸟

鸦。听到这种鸣叫，雌鸟不会飞出来暴露鸟巢的位置，而是待在原地不动，小心翼翼地把头探出洞，观察危险出现的位置。有证据表明，山雀甚至能改变叽喳声的结构，以区分乌鸦和哺乳动物。

铃木还进行了进一步的实验，让一根棍子像蛇一样移动。这项实验似乎表明针对蛇的警报唤起了远东山雀的心理图像搜索。它们只有在听到刺耳的警报后才会过来围攻假蛇，但这也取决于棍子是否以蛇的方式移动。如果研究人员播放的是其他警报声，或者棍子的移动方式不像蛇，它们就会无视这根棍子。

远东山雀和褐头山雀（*Poecile montanus*）也能用鸣叫相互预警，并且可以用不同的鸣叫召唤另一个物种前来协助它们驱逐捕食者。这两个物种经常集群，似乎能通过发出鸣叫的顺序来理解对方，而不仅仅是对单一的叫声做出反应。如果生物学家在播放警戒鸣叫后继续播放对其中一个物种的召唤鸣叫，远东山雀就会前来参与围攻。但如果两种鸣叫以相反的顺序播放，它们几乎不会做出反应。

敲响警钟

黑顶山雀的英文名是black-capped chickadee，来源于其独特的围攻鸣叫。在遭遇停栖的捕食者时，它们会发出“叽喳——嘀——嘀——嘀”的声音。当捕食者从头顶飞过或正在捕猎时，它们就会发出一种尖锐且难以定位的“嘻”声。为了阐明围攻声是否存在更精确的意义，蒙大拿大学的鸟类学家与当地的驯鹰人凯特·戴维斯联手，利用13种大小不同、捕猎风格各异的活体猛禽来测试黑顶山雀的反应，这些猛禽包括猫头鹰、鹰和隼。

实验表明，黑顶山雀会随着危险程度的提升而增添更多的“嘀”音符。因此，专门伏击小型鸟类（如山雀）的体型最小的猫头鹰的威胁程度最高，能引出最多的“嘀”音符，而主要以哺乳动物为食的大型猛禽则相反，比如红尾鵟和乌林鸮（*Strix nebulosa*）。通过录音回放，生物学家还发现山雀也会做出相应的反应：在听到同种山雀发出的警戒鸣叫后，它们就会靠近扬声器，并且对小型猫头鹰所引发的警戒鸣叫反应最为激烈。年幼的山雀在围攻鸣叫中学习了这些

微妙变化的情境依赖性。

红胸鳾经常与山雀混群。通过类似的录音回放实验，生物学家发现红胸鳾也能理解不同数量的“嘀”音符所编码的含义的细微差别。如果山雀的警报声带有更多的“嘀”，红胸鳾就会对扬声器进行更长时间的围攻，并同时拍打翅膀（一种躁动的信号），更频繁地发出本种的警报声。

在澳大利亚、非洲和亚洲的混合鸟群中，也有一些能够“窃听”其他物种警报声的鸟类。华丽细尾鹩莺和白眉丝刺莺（*Sericornis frontalis*）可以理解彼此的警戒鸣叫所代表的威胁程度。在非洲，备受信任的叉尾卷尾为其他主要在地面觅食的鸟类充当哨兵；然而，它们会发出欺骗性的警报声，趁乱偷走斑鸫鹛捕捉的食物。同样地，在斯里兰卡的森林里，大盘尾（*Dicrurus paradiseus*）是混合鸟群中值得信赖的哨兵。

哺乳动物和鸟类也会互相窃听。在听到草原犬鼠（*Cynomys*）的警报声后，穴小鸮（*Athene cunicularia*）变得格外警觉。青腹绿猴（*Chlorocebus pygerythrus*）会对栗头丽椋鸟的警报做出反应。侏獴（*Helogale parvula*）能够理解犀鸟的警戒鸣叫。欧亚红松鼠听到松鸦的警戒声之后就会找地方隐蔽起来。灰松鼠（*Sciurus carolinensis*）不仅能听懂小型鸟类对红尾鵟的警报，而且比起完全安静的环境，鸟类在觅食时发出的满足的叫声会让它们更快地放松警惕。

危险等级

捕食者体型越大，就越难在半空中敏捷地抓住一只小型鸣禽。在遇到最危险的捕食者时，黑顶山雀会在警戒鸣叫当中添加更多的“嘀”音符。北美鸺鹠（*Glaucidium californicum*，1）和库氏鹰（*Accipiter cooperii*，2）是专门捕食小型鸟类的猛禽，危险系数最高。游隼（*Falco peregrinus*，3）的威胁性较低，因为它们倾向于在开阔的环境中捕食体型较大的鸟类。红尾鵟（4）和乌林鸮（5）主要以哺乳动物为食，所以威胁程度最低。

繁殖骗局

除了因捕食者而发出警报，小型鸣禽（如远东山雀和苇莺）还会相互提醒巢寄生者（如杜鹃）的存在。这一举动意义重大——替他人做嫁衣会造成巨大的损失。为了避免这种错误，最好的方法就是阻止寄生者在自己的巢中产卵。如果一只大杜鹃成功产卵，而寄主又无法将其移走，那么杜鹃雏鸟就会杀死寄主的所有生物学后代。养父母要努力喂养比自己大好几倍的雏鸟，最终耗尽精力。

寄生于其他物种的鸟类

- 杜鹃（独立进化了3次）
- 牛鹂
- 维达雀
- 响蜜䴕
- 鸭子中唯一的寄生者——黑头鸭（*Heteronetta atricapilla*）

在欧洲，苇莺通过观察邻近的个体来学习如何识别和围攻大杜鹃；然后，当看到或听到邻居攻击杜鹃的时候，它们也会提高整体的警惕性。在中国，生活在同一区域的大杜鹃寄主学会了理解和窃听不同物种的警戒鸣叫。当黑眉苇莺（*Acrocephalus bistrigiceps*）听到其他物种的警戒鸣叫时，看到东方大苇莺（*Acrocephalus orientalis*）围攻杜鹃似乎就足以让附近的个体靠近。

作为对这些围攻攻击的回应，大杜鹃进化出模仿雀鹰的能力；后者是一种捕食小型鸟类（比如苇莺）的常见猛禽。雌性大杜鹃有两种色型。灰色型大杜鹃看起来非常像雀鹰，令苇莺在攻击它们之前不得不思索再三，且只有在观察邻近个体围攻这种色型的杜鹃之后才会学着这么做。红色型大杜鹃十分罕见——这使得寄主遇见它们的频率很低，难以学习应有的围攻反应。

对于巢寄生者而言，为了减少自己受到的攻击，一种更常见的方法是提高产卵的速度和隐蔽性，令寄主亲鸟无法注意到入侵者。我清楚地记得发生在赞比亚的一幕——在拟䴕的巢洞外屏息等待了一段时间之后，我看到一只雌性的北非响蜜䴕（*Indicator minor*）接近了。等到两只拟䴕都离开后，北非响蜜䴕钻进巢中待了两秒钟，然后立刻飞了出来，嘴里还叼着一枚卵——它刚刚在巢中可能已经产下了自己的卵。

下图

为了阻止大杜鹃的巢寄生行为，一只苍头燕雀（*Fringilla coelebs*）对其发起了围攻。

不断提高的伪装术

经验也会提高识别鸟卵的能力。对于寄主而言，想要排查巢中的寄生卵，不仅需要在鸟巢中找出长得最奇怪的卵，还要学习本种鸟卵的形态，并排斥任何看起来不同的卵。这样一来，善于伪造鸟卵的巢寄生者受到了选择的青睐，令寄主的排查工作变得越来越艰难。长期以来，大杜鹃与一些寄主物种在鸟卵识别和模仿的军备竞赛中不断地对抗和僵持。更有甚者，大杜鹃的不同谱系已经进化出专门模仿特定寄主物种的能力，被人们称为部族（gens）。相比之下，其他巢寄生者是泛化的，可能还处于进化军备竞赛的早期阶段。比如，褐头牛鹂（*Molothrus ater*）能够以大约140种不同的物种为寄主。很少有证据表明该物种的雌鸟能进行特化。

右图

这些是不同鸣禽的卵，每一窝中都有一枚伪装的杜鹃卵。

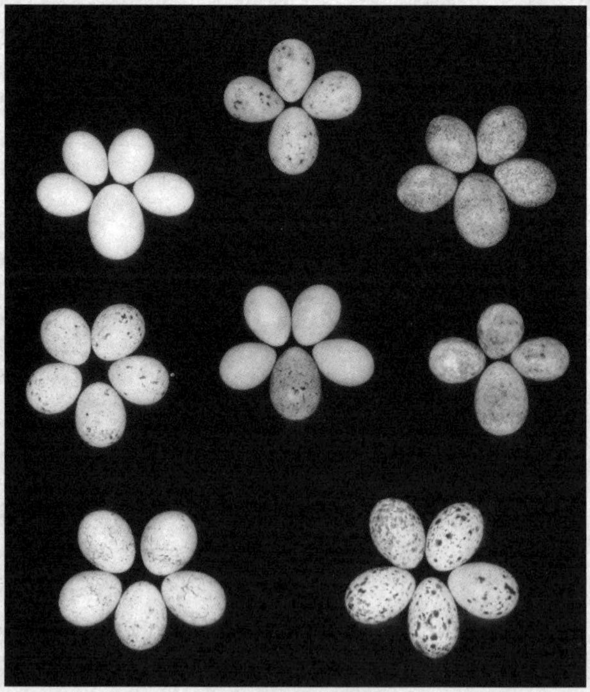

左图

图为被响蜜䴕寄生的一窝蜂虎卵；最大的卵由响蜜䴕所生，较小的卵都已经被前来产卵的雌性响蜜䴕刺穿而腐烂了。

在另一种情况下，当多只雌鸟在同一个寄主的鸟巢中产卵时，寄生者可以互相寄生。这可以给寄生者带来一些好处，比如，巢中出现多个寄生卵令寄主更难排查出“冒牌货”。然而，这也可能会导致属于同一物种的寄生雌鸟将军备竞赛进一步升级。比如，黑喉响蜜䴕寄生于在洞中筑巢的鸟类。由于洞穴中伸手不见五指，寄主和寄生者产下的卵都是白色的。不同种群的雌性响蜜䴕所产下的卵在大小和形状上与寄主非常相似。出人意料的是，它们最常选择的寄主不具备排查鸟卵的能力，而且会不加分辨地孵化洞中的任意物品。但是，寄生在同一个鸟巢的寄生者总是会用喙刺破形态与其他卵最不相似的卵。在这个系统内，在每个特化的种群中驱动着卵拟态进化的似乎是雌性寄生者，而不是它们的寄主。

同样，澳洲的棕胸金鹃（*Chrysococcyx minutillus*）会产下具有伪装性的深色卵，在寄主那阴暗的拱形鸟巢中很难被察觉。即使研究人员在实验中采用更亮、更显眼的假卵，它们的寄主也不具备排查的能力。然而，寄生在同一个鸟巢中的雌性杜鹃会有选择性地挑出最显眼的卵，将其摧毁，然后再产下自己的卵。这些实验再次表明，卵拟态的驱动力是雌性杜鹃为争夺同一个寄主的鸟巢而进行的竞争，而非寄主对外来鸟卵的排斥。

灵活程度

下图

一只食欲旺盛、索取无度的牛鹂雏鸟正在向其寄生的棕林鸫乞食。

巢寄生者的雏鸟可以灵活地调整行为，以提高自己在寄主巢中的存活率。比如，牛鹂的雏鸟已经进化出前脑回路，使它们能够灵活地调整乞食鸣叫，从而最大限度地操控任一寄主物种来喂养它们。

在专门寄生于苇莺的种群中，大杜鹃雏鸟天生就能识别苇莺的警戒鸣叫。为了不引起捕食者的注意，它们很快就学会了在听到警戒鸣叫后停止乞食。有趣的是，当实验人员将这些雏鸟转移到其他寄主物种的鸟巢后，不同的警戒鸣叫就无法使它们安静下来。这表明泛化的牛鹂雏鸟比特化的寄生者更具灵活性。

"黑帮执法"（mafia enforcement）指的是巢寄生者摧毁那些丢弃了它们的卵的寄主鸟巢，它是灵活行为中一个令人震撼的案例。这意味着雌性寄生者可以记住自己寄生的鸟巢，然后监视它们，有选择性地惩罚那些拒绝被寄生的寄主。面对这种惩罚性的攻击，欧亚喜鹊（*Pica pica*）学会了接受体积更大、布满斑点的杜鹃卵。当生物学家不断播放杜鹃的鸣叫，并通过布设大量模型来模拟一个杜鹃高密度分布的区域时，喜鹊甚至会选择到更远的地方筑巢，因为它们认为这里有很高的被寄生风险。

雌性牛鹂对寄生有特殊的脑力适应，因此具有更强的行为弹性。与雄性牛鹂相比，它们拥有更优秀的空间记忆能力，能够更好地监视鸟巢，记住哪些寄主抚养了更多的牛鹂雏鸟，并在同一年和随后的几年里继续寄生于这些寄主。如果寄主的繁殖进程已经超过了褐头牛鹂寄生的最佳时机，后者甚至会通过破坏鸟巢的形式来对前者进行“牧养”，诱导其重新筑巢。

上图

在密歇根州，一只雄性黑纹背林莺停栖在松树上。该物种曾经几乎灭绝，部分原因正是褐头牛鹂的寄生。

褐头牛鹂对北美东部的许多小型鸣禽都构成了威胁，向物种保护提出了挑战。不同于大平原的寄主与牛鹂的协同进化，北美东部的本土物种对于寄生的抵抗能力相对较弱。

黑纹背林莺（*Setophaga kirtlandii*）是最近成为褐头牛鹂寄主的本土物种。由于栖息地破坏和寄生的双重压力，这种鸟类几乎走向了灭绝的境地。为了保护这些林莺，人们采取的措施之一就是捕杀褐头牛鹂。把几只“犹大牛鹂”放置在一个围栏内，只留一个单向入口，用于吸引路过的其他个体，这样就能够轻易地将群居的牛鹂困住，然后将其杀死。如今，黑纹背林莺的种群数量已经成功恢复，该物种可能会从《濒危物种法案》中被除名。密歇根州北部的城镇每年都会举行“黑纹背林莺节”，庆祝这一珍稀物种得到保护。

平安：从家开始

上图

林鸳鸯在离地面很高的树洞里筑巢。孵化后没多久，早成性的小鸭子就从洞里一跃而下，像蓟花的冠毛一样在森林的地面上弹跳。随后，它们开始跟随亲鸟寻找食物和水。

对页图

鸣禽的雏鸟与独立且毛茸茸的小鸭和小鸡形成鲜明的对比，它们是晚成性的，在孵化后的数日当中都维持着粉色的、光秃秃的和相对无助的状态，比如图中正在乞食的欧乌鸫（*Turdus merula*）雏鸟。

除了巢寄生，筑巢的鸟类还容易遭遇其他的危险。因此，为了保证鸟巢的安全，亲鸟会想尽一切办法，包括选择安全的巢址和伪装鸟巢。而另一些物种会主动攻击或转移潜在捕食者的注意力。

有些物种的后代较为独立。由于亲鸟选择在难以接近（且安全）的地方筑巢，幼年的水鸟必须更加坚强。刚刚孵化的林鸳鸯从离地18米高的树洞中一跃而出。白颊黑雁必须依靠毛茸茸的羽毛从122米高的陡峭悬崖上跳下来，以便寻找食物。相比之下，浑身呈粉色的、光秃秃的、无助的晚成性鸣禽雏鸟简直就像森林中的爆米花。即便是鹿和驼鹿（*Alces alces*）这样的食草动物，也十分乐意吃下鸣禽巢内的一坨坨蛋白质和脂肪。

海雀科（Alcidae）是通过潜水捕食鱼类的一类海鸟。然而，云石斑海雀（*Brachyramphus marmoratus*）会向内陆飞行数千米，在太平洋西北部的原始针叶林中筑巢。而小嘴斑海雀（*Brachyramphus brevirostris*）在阿拉斯加内陆山顶的冰川附近筑巢。在这些偏远的地方，竞争对手和捕食者较少。幼鸟浑身被厚厚的绒羽覆盖，无法高效地飞行。没有人确切地知道，它们是如何一路飞回海岸的。这一物种在选择筑巢和觅食地点上的高度特化令其极易受到气候变化和石油泄漏的影响。

麝雉（*Opisthocomus hoazin*）也被称为“臭臭鸟”，因为它们胃里消化树叶的细菌室会发出腐臭的气味。该物种喜欢在亚马孙雨林的水面上筑巢。这些会飞的“肥料堆”已经沿着自己的进化轨迹发展了6 500万年：它们的雏鸟长着一对翼爪，类似于始祖鸟和其他窃蛋龙类。虽然这种爪子在成年后会消失，但雏鸟很好地利用了它们。当捕食者靠近鸟巢时，麝雉幼鸟就会跳入水中，然后再利用翼爪爬出水面。

一些鹱形目海鸟会在黑暗的掩护下返回洞穴，比如暴风海燕（*Hydrobates pelagicus*）。这可能是为了避免被捕食，或者是为了避免其他更大的海鸟（比如鸥和贼鸥）抢走它们为雏鸟准备的食物。这些鸟如何在没有一丝月光的情况下找到回家的路呢？出于对这个问题的好奇，生物学家捕捉了一些成年的暴风海燕，将其放进一座双向迷宫——一边通向它们自己的洞穴，另一边通向邻居的洞穴。在实验期间，两个洞穴都是无鸟居住的。暴风海燕总是沿着通往自己洞穴的方向走去。然而，一旦实验人员往它们的管鼻中注射锌溶液，暂时阻断其嗅觉后，它们就无法区分两条通道了。在不同种类的海燕和鹱中，只有那些在黑暗中导航回家的物种才会使用嗅觉，而在白天回巢的种类依然依赖于视觉。

欺骗和防御

对页图

灵巧的长尾缝叶莺（*Orthotomus sutorius*）用植物纤维或蜘蛛丝把一大片叶子缝在一起，制作出一个巧妙伪装的鸟巢。

下图

夜鹰当中的一员——帕拉夜鹰（*Nyctidromus albicollis*）和它的雏鸟，完美地与鸟巢、地面融合在一起。

除了将巢址选在难以接近或人迹罕至的地方，伪装也是一个有效的方法。在地面筑巢的鸟类所产的卵与周围的环境完美地融合在一起，比如鹌鹑和夜鹰的卵——我曾差点踩到它们。扇尾莺属（*Cisticola*）见于欧亚大陆和非洲，这些优雅的棕色小鸟运用丝状物设计了漂亮的伪装鸟巢。巧扇尾莺（*Cisticola chiniana*）是我最喜欢的鸟类之一。在鸟巢内部，它们用丝制的同心圆将生长的草粘在一起，最后令鸟巢看起来像一只狭窄的花瓶。这些鸟巢伪装得天衣无缝。为了在草地上找到它们，我们需要多名目光敏锐的年轻助理来帮忙。当地的孩子们称这些鸟巢为“瓶子”，因为它们很像苏打水瓶。褐胁鹪莺（*Prinia subflava*）以丝为线，把一团植物纤维缝在绿叶上。

鸻科（Charadriidae）鸟类也拥有美丽的伪装卵，比如双领鸻（*Charadrius vociferus*）。但这些鸟类进一步发展出分散注意力的佯伤行为。在这种情况下，亲鸟无助地拍打翅膀，模仿翅膀折断的"便宜猎物"，引诱靠近鸟巢的捕食者远离它的卵或雏鸟。另一些在地面筑巢的鸟类也会做出佯伤行为，其中包括鸡形目的部分成员，比如柳雷鸟。褐刺嘴莺（*Acanthiza pusilla*）的行为更令人印象深刻；它们会模仿其他物种的警戒鸣叫，欺骗其主要的巢捕食者——斑噪钟鹊。这样的场面让后者误以为有掠食性猛禽出现，只好撤退。

一些小型鸟类会利用高大威猛的邻居来作为自己的保护伞，这似乎与我们的直觉相反。黑颏北蜂鸟（*Archilochus alexandri*）在苍鹰（*Accipiter gentilis*）和库氏鹰附近筑巢，可以减少后代被墨西哥丛鸦捕食的概率。这两种鹰经常捕食其他鸟类，尤其是体型适中的、肥美的鸦科。所以，墨西哥丛鸦会避免在鹰巢附近觅食。这有效地为蜂鸟创造了一个没有敌人的空间，毕竟袖珍的蜂鸟大概不值得老鹰浪费时间。

其他鸟类会主动威胁或攻击捕食者。当捕食者靠近鸟巢时，几种山雀会发出"嗞嗞"的声音。如果褐头山雀、大山雀、青山雀和领姬鹟在同一区域的洞中筑巢，面对黄喉姬鼠（*Apodemus flavicollis*）对鸟巢的攻击，山雀的被捕食率比领姬鹟低20%。通过录音回放实验，波兰的生物学家发现，当黄喉姬鼠以同样的频率入侵巢洞时，它们会在安静的巢箱中平均探索26秒以上，但播放"嗞嗞"声会令这个时间减少到4秒以下，不论"嗞嗞"声来自三种山雀中的哪一种。

大走鹃（*Geococcyx californianus*）是美国西南部的一种非寄生性杜鹃。由于蛇和郊狼（*Canis latrans*）的捕食，它们失去了70%以上的鸟巢。约有一半的大走鹃亲鸟会攻击入侵鸟巢的鼠蛇，用其大而尖的喙反复击打捕食者。在亲鸟主动进行防护的鸟巢中，这种防御措施至少挽救了数量过半的卵和雏鸟。

母亲的投入

母亲们可以（也通常会）根据环境的危险程度来改变它们的繁殖投入。仅仅是察觉到巢捕食风险的提高就足以让雌鸟少产一些卵。

通过播放预先录制的捕食者鸣叫，生物学家模拟出风险提高的情境。而雌性歌带鹀的反应是产下较少的卵，在多刺的植被上筑巢，并改变护巢行为，以减少捕食者的注意。雌鸟还会缩短孵卵周期，延长离巢时间，降低喂养雏鸟的频率。明显增加的捕食威胁足以令一个鸟巢的繁殖成功率降低40%。在听到乌鸦、鹰、猫头鹰和浣熊（*Procyon lotor*）等捕食

下图

一只雀鹰在飞行中抓住了一只煤山雀（*Periparus ater*）。雀鹰是捕鸟专家，善于在半空中敏捷地捕捉小型鸟类。

者的叫声后，繁殖成功率的下降最为明显。如果歌带鹀听到的是一些无害的声音，比如海豹、大雁、蜂鸟或啄木鸟的叫声，那么它们所养育的雏鸟数量与正常情况下一样多。

压力下的母亲

如果雌性大山雀在产卵时受到雀鹰模型的刺激，随后孵化的雏鸟就会拥有较轻的体重和特别大的翅膀，这大概是为了便于逃生。为紫翅椋鸟的胚胎注射应激激素就足以让雏鸟发育出更强壮的飞行肌肉，成为更勇猛的飞行能手。在黄腿鸥（*Larus michahellis*）中，生物学家制作的水貂模型令雌鸟感知到更高的被捕食风险。因此，它们在雏鸟身上设定了反捕食的条件反射，而方法大概是在产卵时添加更多的应激激素。若母亲经常围攻水貂，那么雏鸟对成鸟的警戒鸣叫反应更快，并通过蹲伏和保持不动来应对危险。

更令人惊奇的是，这些黄腿鸥的雏鸟可以透过卵壳来相互示警。生物学家将一些卵置于不断播放录音的环境当中，录音内容是成年黄腿鸥对捕食者的尖叫。随后，他们把其中一些“有经验”的卵与只听过群体背景噪声的卵放在一起。他们发现，比起从未直接或间接（通过邻近个体）暴露在警戒鸣叫中的卵，这两组卵震动得更厉害。

此外，震动频率更快的卵也具有更高的应激激素水平。它们所孵化的雏鸟能在听到警戒鸣叫后更快地蜷缩起来，并抑制自己的乞食鸣叫。这种压力也存在负面影响：比起在卵中安心长大的雏鸟，这些为应对捕食者而做好准备的个体生长得更慢，羽翼丰满时的体重更轻。

险象环生

性别角色颠倒的物种经常在食物丰富却有捕食者的地方冒险筑巢，比如水雉和斑腹矶鹬。由于这种高风险、高回报的策略，雌鸟变成了一台产卵机器，不断补充被捕食者掠夺的卵，而雄鸟则独立抚养雏鸟。雌性水雉守卫着食物资源充足的优质领地，以供养多只雄鸟。另外，领地所在的区域较为紧凑，一只雌鸟就足以将其霸占。不同于斑腹矶鹬，雌性水雉不参与筑巢或孵卵，但它们也实行一妻多夫制；若雄鸟因为捕食者而失去一窝卵，雌鸟很快就会与其再次交配。

战略性育儿

除了在孵化前让雏鸟为危险的世界做好准备之外，亲鸟通常也会改变行为，最大限度地降低来自捕食者的风险。一些与风险相关的行为将栖息环境与生活史大相径庭的物种区分开来，另一些则反映了即时的环境或个体的性格。

在182种鸣禽中，南半球（澳大利亚、新西兰和南非）物种的生活史比北半球（欧洲和北美）物种的更慢。换句话说，南半球的物种往往寿命更长。相对于北半球体型相近的近缘物种，南半球的物种真正做到了“不将所有鸡蛋放在同一只篮子里”。这种繁殖手段在亲鸟的风险策略中也发挥了作用。

在一项实验中，生物学家比较了阿根廷和美国亚利桑那州的多对物种。他们使用捕食者的剥制标本，并通过扬声器播放捕食者的鸣叫，以探究亲鸟的反应。所有暴露在捕食者面前的亲鸟都减少了冒险喂食的次数——这是一个明智的策略，因为喂食可能会吸引捕食者或暴露巢址。然而，就冒险归巢的次数而言，成鸟的常见捕食者，比如纹腹鹰（*Accipiter striatus*），对窝卵数较小、寿命较长的物种影响更显著；而常见的巢捕食者，比如暗冠蓝鸦（*Cyanocitta stelleri*），对窝卵数较大的物种影响更强烈。换句话说，预期寿命较长的亲鸟，会降低对自己而非对后代的风险；预期寿命较短且窝卵数较大的物种，会尽量将雏鸟而非自身的风险降到最低。

保护性合作

在大约四分之三的鸟类当中，两性都参与了亲代抚育。亲代协调可以通过多种方式来完成，但它是社会性单配制的鸟类举行配对仪式的主要原因之一。例如，华丽细尾鹩莺对配偶发出的警报声比对同种其他个体的警报声产生更强烈的反应。它们会在巢外等待更长的时间，并更快地加入发出警报的行列。而在黑顶山雀和北长尾山雀中，配偶双方轮流回巢喂食的工作越是无缝衔接，它们的雏鸟被捕食的可能性就越小。这就像一支配合无间的接力队伍，减少了喂食所产生的噪声和混乱，令捕食者难以发现鸟巢的存在。

上图

北长尾山雀的雏鸟在鸟巢入口等待着食物，一只亲鸟正在照顾它们。将喂雏工作协调得更好的伴侣能降低引来捕食者的概率。

生物学家发现，在由双亲共同承担育儿职责的32种水鸟当中，个体的孵卵时长存在惊人的差异。对于这种差异，最佳解释就是亲鸟降低捕食风险的方式不同。比如长嘴鹬（*Limnodromus scolopaceus*）这种依赖于伪装的物种，可以连续孵卵达50个小时，从而减少鸟巢内可能出现的吸引捕食者的活动。与之相对的是，剑鸻（*Charadrius hiaticula*）等物种会用佯伤行为来分散捕食者的注意力。还有一些物种会对配偶的警戒鸣叫做出反应，在捕食者靠近之前离开鸟巢。因此，这些鸟类更能活跃于鸟巢周围。

人多势众

鱼群或鸟群以摄人心魄的同步性在水中或空中扭转和改变方向——见过这种场景的人可能都想知道：在没有指挥者或长官的情况下，成千上万的个体该如何精准地协调动作呢?

集群等集体行为是一些简单、独立的规则的衍生属性。计算机模拟表明，个体只需调节自己对邻近个体的反应，就足以在一个庞大群体内产生复杂和协调的飞行模式。确切地说，这些反应如何通过一个扩展的网络迅速地延续下去，仍然是一个谜。然而，并非群体中的所有个体或位置都是相同的。除了利用与邻近个体的距离和方向信息外，紫翅椋鸟还利用它们在集群翻飞时的定位来调整自己的行为。鸟群在每只鸟的视网膜上投射出一片阴影，示意其在群体的中央还是边缘。

更引人注目的是社会关系对集群行为的影响。寒鸦伴侣终身配对，而形成配对关系的伴侣与其他没有配偶的个体遵循着不同的集群规则。配对的伴侣就像被一根无形的弹簧连接在一起；当它们离配偶越远，飞行加速度就越大。这使得它们与配偶之间保持着一个相对恒定的距离。因此，一对伴侣的振翅次数比不成对的个体少，可以节约能量。

单只寒鸦会对邻近的7只个体做出反应，与紫翅椋鸟相同；而配对的伴侣仅对三四只邻近个体做出反应。随着伴侣比例的升高，这种连通性的丧失令信息在群体中的传递效率降低。换句话说，结为伴侣的寒鸦节省了个体的能量消耗，但付出了较高的集体代价，降低了对捕食者等威胁的反应能力。

寒鸦也在不同情况下遵循不同的集群规则。当寒鸦飞到栖息地时，它们会与固定数量的邻近个体待在一起。于是，无论密度如何，鸟群都能保持同等的协调性。相比之下，聚集在一起攻击捕食者的寒鸦更关注自己与同伴的距离，而不是邻近个体的数量。所以，当个体分散开后，鸟群会变得杂乱无章；而当所有个体密集地集中在一起时，鸟群就能更加同步地飞行。

分散

转向以避开拥挤的同伴

校准

朝同伴的平均方向飞行

内聚

向附近的同伴移动

鸟群在飞行中的集体行为

针对紫翅椋鸟的研究发现，每只鸟大概会对7只邻近个体做出反应。成千上万的个体都遵循着同一条简单的规则，与附近的个体保持着不远不近的距离，并且朝着同一个方向飞行，从而产生高度同步的集体行为。

自私群体的几何学

上图

每天晚上，数千只紫翅椋鸟成群结队地飞到空中，共同表演令人兴奋的同步舞蹈。这种气势磅礴、跃动旋转的椋鸟群在英语中有一个专门的名字——murmuration。在欧洲和北美，人们都能欣赏到这样的景象。不过，北美的紫翅椋鸟是一个不断壮大的外来物种。

大型群体对捕食者有着致命的吸引力。我们时常能看到，成群的鸟儿突然变向和翻转，以躲避俯冲下来的游隼。然而，数量也是安全的保障，因为更大的群体可以降低个体被杀死的概率。这种稀释效应产生了更大的群体，从而吸引更多的捕食者，形成个体私利的副产品。鸟群、蜂群和鱼群紧密结合的特性也是一个副产品，令群体中心成为最安全的地方。

“V”字飞行队

上图

排成“V”字形的一群雪雁（*Anser caerulescens*）飞往它们的越冬地。

战斗机通过“V”字队形来节省燃料。数千年来，迁徙的大雁和其他大型鸟类一直都是这么做的。然而，飞机并不会扇动翅膀。对于大型鸟类来说，节约体力的关键在于精准地协调所有个体振翅的节奏，以便后方个体捕捉到前方个体所制造的上升气流。在秃鹮（*Geronticus calvus*）的飞行队伍协调振翅节奏的同时，每只个体还将自己精准地定位在前方个体的一侧。如果暂时被困在另一只鸟的正后方，它们就会改变振翅的时机，最大限度地减少前方个体带来的下沉气流。

上图

鸟瞰图：在拉脱维亚，一群普通鸬鹚（*Phalacrocorax carbo*）在枯树上集群筑巢。

右图

鸟群留下物理痕迹的另一个案例：普通鸬鹚的粪便（排泄物）是强酸性的，可以杀死地上所有的植被。哪怕是在较远的距离，人们也能够将鸬鹚和鹭的群栖地区分开来。

自私的城市

尽管许多物种在数量上找到了安全感，但群居生活也是有代价的。保护主义者们经常会说起旅鸽（*Ectopistes migratorius*）灭绝的警世故事，迫切地想证明人类的力量可以轻而易举地将大量物种从世界上抹除。

这些来自北美的鸽子以包含数亿个体的庞大群体进行迁徙和繁殖。这样的策略令人类误以为这种鸟类是无限的资源，直至将其猎杀殆尽。如今，我们认为该物种只能在庞大的群体（被殖民地时期的美国人称为“城市”）中繁殖，用“鸟海战术”淹没捕食者的攻击。这与角马（*Connochaetes*）在几天之内相继产犊、周期蝉（*Magicicada*）每隔17年出现一次的策略是一样的。

群体求偶可以降低每个个体被捕杀的风险，但一个更大的群体也更有可能吸引捕食者。如果求偶的雄性还利用声音来将雌性吸引到竞技场地，这种情况将更为显著。有一次，我被火鸡雄鸟的鸣声所吸引，走近后发现那只是录音；而播放录音的猎人从暗处走了出来，用猎枪指着我。

对于密集的大型群体来说，另一个经常带来困扰的问题是疾病的快速传播。康奈尔鸟类学实验室的生物学家利用志愿者提供的数据，追踪结膜炎这一传染病在家麻雀当中的扩散。这是公民科学为动物保护提供帮助的正面案例，尤为鼓舞人心。这些信息来自美国各地，包括每年圣诞节进行的鸟类调查，以及1万名拥有鸟类喂食器的志愿者在每月更新的数据。因此，生物学家能够追踪这种疾病的传播——从1994年在马里兰州暴发，到2009年向西蔓延到加利福尼亚州。

但讽刺的是，鸟类喂食器也是这种传染性强的疾病主要的传播途径。原因很简单——鸟类会以相对较高的密度聚集在喂食器周围。然而，来自喂食器的数据让生物学家了解到，这种疾病如何与它的鸟类宿主协同进化，以及家麻雀种群如何进化出抵抗性。他们的一些发现可以推广并应用于对其他疾病的研究，包括那些影响人类和牲畜的疾病如何传播、进化。此外，我们现在知晓，让喂食器之间留有尽可能宽的间距和定期清洁是非常重要的。这将极大地降低喂食器成为感染中心的可能性，避免影响到其他鸟类。

人类带来的危险

人类和其他动物，比如家猫，都会威胁到鸟类。然而，一些物种已经学会了新的方式，以适应人类对环境造成的危害。

除了传播疾病，喂食器还会吸引捕食者，导致一些鸟类的数量减少，从而改变生态系统的构成。在美国俄亥俄州哥伦布市的居民区，喂食器提供的食物补充令更多的短嘴鸦成为常见的巢捕食者。因此，在有大量鸟类喂食器和短嘴鸦的居民区，旅鸫巢的出飞率不到1%；而在没有喂食器的居民区，出飞成功率超过了三分之一。不过，主红雀似乎没有受到捕食者增加的影响。不同于旅鸫，主红雀以植物的种子为食，食物援助的收益恰好抵消了巢捕食率提高的成本。

成长的烦恼

对于刚刚离巢的鸣禽幼鸟而言，练习飞行需要花费数日。而在这段时间中，它们可能会四处攀爬或掉落地面，为家猫等捕食者提供唾手可得的猎物。大多数鸣禽幼鸟在清晨离开鸟巢。在伊利诺伊州，生物学家选择了17个在灌丛中繁殖的物种，监测它们的数百个鸟巢，结果发现，鸟巢的风险程度越高，幼鸟就会在一生和一天当中更早地离巢。这可能是一种适应，以缩短在离地面较近或显眼的鸟巢中度过的危险时间，但在清晨落地的幼鸟依然十分脆弱。

新的捕食者

仅在美国本土的48个州，散养的家猫每年就会杀死40亿只鸟。如果周围有散养的家猫，鸟类也需要更长的时间来接触新的喂食器。对于许多岛屿鸟类来说，猫、老鼠和其他与人类有关的物种尤为棘手；这针对的不仅是不会飞的鸟类，但它们受到的打击确实是最严重的。

在新西兰，鸟类的进化一直是在没有哺乳类捕食者的情况下进行的，直到700年

上图

离巢的过程危机四伏。羽翼丰满时，大多数幼鸟比亲鸟还重，拥有一个良好的生命开端，但这也使得它们对捕食者而言具有很强的吸引力。油鸱（*Steatornis caripensis*）在南美洲的洞穴中集群筑巢，通过回声定位来进行导航。历史上，人们曾猎杀并烹煮比亲鸟重三分之一的幼鸟，以获得油脂。这一物种也因此而得名。

前。但在这个时候，一种本土鸣禽进化出减少被捕食风险的育雏策略。若是来自从未被哺乳动物入侵的岛屿，新西兰吸蜜鸟会表现出各种冒险的育雏行为。它们在鸟巢周围进行大量的活动，频繁地轮换孵卵和喂雏的工作。相比之下，遭遇过哺乳类捕食者的新西兰吸蜜鸟已经进化出风险规避的本能，尽量减少在鸟巢附近的活动，防止暴露雏鸟的位置。3年前，生态保护人员将一些岛上的哺乳动物尽数移除，但那里的新西兰吸蜜鸟种群至今还保持着警惕的行为模式。在一定程度上，反捕食者的育雏策略似乎是与生俱来的，而不仅仅是对捕食者的灵活反应。面对新的捕食者，一些鸟类的进化相当迅速。

岛屿鸟类

在一个有趣的案例中，保护工作者无意中让鸟类繁育出一种异常的、适应不良的习性，说明了基因控制的行为在小型种群中可以非常轻易地进化。查岛鸲鹟（*Petroica traversi*）仅发现于新西兰东海岸的几座岛屿。到了20世纪80年代，外来的捕食者将这一物种的数量削减至个位数，仅剩一只可繁殖的雌鸟和它的两三名配偶。这只雌鸟被人们亲切地称为“过往”（Old Blue）。保护工作者开始了一项疯狂的保育计划，将“过往”的孩子与孙子交给其他物种抚养，以诱导查岛鸲鹟产下更多的卵。这种繁殖方法效果显著，但让鸟儿留下了一个糟糕的习性：一半的雌鸟（都是“过往”的后代）会把卵产在鸟巢的边缘，令雏鸟无法茁壮成长。

岛屿鸟类的常见威胁

外来捕食者和其他问题包括：

- 猫
- 生境丧失
- 遗传多样性下降
- 种群过小

在拯救这一物种的初期工作中，多组人员谨慎地监测着每一个鸟巢，将位置不当的卵放回巢内，以确保它们的安全。当查岛鸲鹟的数量恢复到可以构建谱系的时候，生物学家发现，单个显性基因就足以令雌鸟把卵产在鸟巢的边缘，而不是巢内。这一发现终止了工作人员的错误尝试——他们不再帮助那些产卵位置不当的雌鸟。这样一来，自然选择可以迅速地从种群中剔除这个基因及其带来的不幸后果。如今，查岛鸲鹟的数量上升到250只，而且雌鸟似乎也都能把卵产在正确的地方了。

夏威夷鸭（*Anas wyvilliana*）与其他濒危水鸟被一种麻痹型鸟类肉毒杆菌所感染。这种病菌在世界范围内广泛分布，几乎将这些珍稀物种推向灭绝的深渊。感染病菌的鸭尸会孵化出同样受感染的蛆虫，它们容易被其他在水面上觅食的鸭科鸟类所取食，造成疾病的快速蔓延。在这个案例中，训练有素的拉布拉多犬能嗅出遭到感染的尸体，挽救了夏威夷鸭的命运。

窃贼与猎人

未经科学许可的鸟卵收集是违法的，但仍有一些收集者无法摆脱这种狂热。一个恶名昭彰的窃贼将罪恶之手伸向了多个保护区和濒危物种。他被判了6次刑，其收集的2 000多枚卵被没收，他还被列入一个特殊的鸟卵收集者监控名单。为了防止鸟卵被盗，来自皇家鸟类保护协会等组织的英国鸟类爱好者们24小时轮流守护珍稀物种的鸟巢。

然而，其他的威胁仍然存在。地中海国家的人们认为鸣禽是美味佳肴，使用拦鸟网捕捉数百万在迁徙途中经过的鸣禽。

下图

查岛鸲鹟只生活在距新西兰约800千米的查塔姆群岛上。与许多岛屿物种一样，它们几乎走向灭绝的境地。

污染

来自公路和油田的噪声污染扰乱了艾草松鸡的求偶活动，而这一物种已经面临灭绝的危险。遭遇人类活动的噪声会提高雄鸟的压力水平。由于聚集在这些嘈杂场所的雄鸟越来越少，求偶场的范围也在缩小。

鹗（*Pandion haliaetus*）喜欢人工合成的捆包线，也就是牧场主们用来捆扎干草的绳子。鹗经常在绳子上打结，将它们的大型鸟巢绑在一起。多年来，这些用合成材料装潢的鸟巢已经成为成鸟和雏鸟的陷阱——它们可能会被打结的绳子勒死。蒙大拿州的生物学家和牧场主进行了一项运动，开始回收散落在田野里的捆包线，并修剪鹗的鸟巢，防止缠绕事件再次发生。

白头海雕（*Haliaeetus leucocephalus*）和游隼等猛禽的大型鸟卵特别容易受到DDT（滴滴涕）的危害。DDT是20世纪中期流行的一种杀虫剂，与许多毒素一样，它会随着食物链的上移而不断积累。这对猛禽造成了非常恶劣的影响。它破坏了猛禽在卵壳中沉积钙的能力，导致许多鸟卵几乎一碰就碎。著名的环保主义者蕾切尔·卡森（1907—1964）做出了重要的贡献，提高了人们对DDT的生态影响的认识。DDT在1972年被禁止使用。

有毒物质

对鸟类有毒的常见化学物质：

- DDT
- 新烟碱
- 双氯芬酸
- 微塑料

名为新烟碱的系统性农业杀虫剂令多种蜜蜂的数量下降，也导致鸟类在迁徙之前难以获得足够的食物和体重。在德国，许多鸟类赖以为生的昆虫在40年里减少了近80%。在法国，农田鸟类受到的打击最为严重，它们在17年内减少了三分之一。即使是草地鹨（*Anthus pratensis*）这样的常见物种，其数量也下降了68%。

生境丧失

在世界范围内，生活于草地的鸟类都受到了农业的严重打击。除了农药的使用之外，广泛的单作也造成了生境破坏。2019年科学家称，与50年前相比，北美鸟类的数量下降了29%。其中，草地物种的减幅最大；在北美损失的29亿只鸟中，有7.17亿只是草地物种。而在热带森林，油棕榈林或咖啡种植园等大面积耕作也损害了鸟类的多样性。

如果没有观鸟爱好者数十年来积累的记录，这些估算结果就不可能存在。鸟类爱好者偶尔也有助于物种的重新发现。杰氏鹛雀（*Chrysomma altirostre*）的最后一次记录是在1941年，但在2015年，有人在缅甸再次发现这个物种；2007年，消失了107年的邦盖乌鸦（*Corvus unicolor*）在印度尼西亚再次出现。发表于2011年的一篇综述文章总结了144种近乎灭绝的鸟类——它们的重新发现大多发生在1980年之后。

下图

鹗经常利用捆包线来作为筑巢的材料。成鸟或雏鸟如果被线缠住，可能会有致命的危险。

6

应对气候

COPING WITH CLIMATE

右图

一对岩雷鸟（*Lagopus muta*）在雪中将自己完美地隐藏了起来。

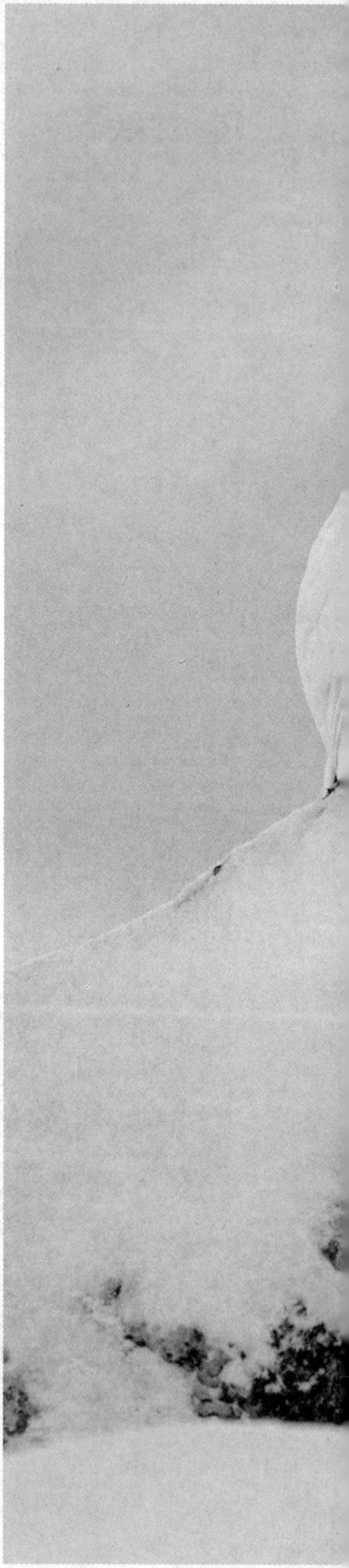

跟上气候的变化

下图

大山雀带着一条毛毛虫回到巢洞喂养雏鸟。尽管气候发生了变化，但这些鸟还是成功地将它们的育雏期与食物出现的高峰期匹配在一起。

可以这么说，气候变化不仅是鸟类面临的最大威胁，也是包括人类在内的所有物种面临的最大威胁。问题不在于种群能否适应环境的不确定性，而在于它们能否足够快地做出反应，而且是以避免生态陷阱的方式做出反应。

这是一个关于生态陷阱的最新案例——2018年，芬兰的生物学家称，在地面筑巢的农田鸟类比农民更快地适应了逐年提早的春天，比如凤头麦鸡（*Vanellus vanellus*）和白腰杓鹬（*Numenius arquata*）。过去，农民们在鸟类筑巢前就开始播种。如今，鸟类的筑巢时间比以前早了许多，所以大多数鸟巢都被犁掉了。

在美国中西部的一些地区，有另一个较为正面的案例。美洲隼（*Falco sparverius*）似乎将它们的繁殖时间提前了大约2周，以配合作物的提前播种。

鸟类能在多大程度上调整自己的繁殖时间，使其与食物出现的时间相吻合，并将危险降到最低，以便养育更多的后代呢？为了回答这个问题，我们回到牛津大学的怀特姆森林（见第35、36页）；在45年当中，那里的每一只大山雀都被密切监测。大山雀主要依靠秋尺蛾（*Operophtera brumata*）的幼虫来喂养雏鸟。若没能抓住时机，错过食物高峰期的亲鸟只能养育较少的后代。多年来，过早来临的春天令橡树提前长出叶子，而这些幼虫为了取食新鲜的橡树叶，也早早地出现。

在橡树、秋尺蛾和大山雀的欧洲分布区内，三者似乎通过对春季升温的反应来把握时机。但即使没有气候变化，不同年份之间也存在长达3周的时间差异。在一个更小的尺度上，差异依然存在，比如怀特姆森林。生物学家发现，在过去的45年里，大山雀能够将产卵和首次孵化的时间与它们的食物资源同步。为了做到这一点，它们不仅要利用温度之类的全球线索，还要根据鸟巢周围20米内的橡树枝叶来进行时间的微调。在一片树林中，不同的山雀家庭非常微妙地拼凑在一起。它们的发育时间存在细微的差异，以匹配每个鸟巢周围的橡树的生长变化。这种微调有助于鸟类适应更剧烈的气候变化。

然而，我们从前面的章节中知道，食物并不是影响鸟类繁殖的唯一要素。大山雀还会改变产卵时间和孵化行为，以降低被捕食率。擅长捕食小型鸟类（比如山雀）的雀鹰也会根据猎物的情况来调整自己的繁殖时间。这样一来，肥美、脆弱的山雀幼鸟就会成为雀鹰喂给雏鸟的食物。

弹性时间

在面对雀鹰亲鸟的捕食压力高峰时，不同的大山雀个体反应各异。这些不同的策略属于遗传性格综合征。具有快速探索性格的大山雀倾向于四处活动，被雀鹰杀死的风险远高于那些规避风险的邻居。当生物学家播放雀鹰的鸣叫，模拟出更高的捕食风险时，与相对迟钝的同类相比，这些性格大胆的个体减轻了更多的体重，因为更轻的鸟类更善于躲避雀鹰。

同样地，当这些具有探索精神的雌鸟认为被雀鹰捕食的风险很高时（在实验中听到回放的雀鹰鸣叫），它们更有可能提早产卵。这样一来，当雀鹰的雏鸟嗷嗷待哺时，相对谨慎的大山雀将独自承受捕食高峰的冲击。这些特定于性格的反应是部分遗传的，也是自然选择的结果。所以生物学家希望，如果未来的环境变得更加难以预测，大山雀也能进化得更加灵活。

一个全球性问题

由于气候变化，大多数繁殖于温带地区的物种在强烈的选择作用下开始提早繁殖。它们成功地抵达繁殖地，并提早产卵。2019年的一项调查总结了近60篇研究论文的发现。该调查估计，尽管大多数鸟类的物种和种群都通过提早繁殖跟上了气候的变化，但并非所有物种都能做到充分适应，从而逃脱灭绝的命运。其中，大苇莺和雪鹀（*Plectrophenax nivalis*）都处于高危状态，而天性灵活的物种则有更多机会在季节变换中生存下去，比如大山雀、欧亚喜鹊和歌带鹀。

在北极繁殖的鸟类尤其容易受到气候变化的影响，比如棕塍鹬（*Limosa haemastica*）。它们的繁殖窗口相对较窄，而且迁徙距离特别长。红腹滨鹬（*Calidris canutus*）是另一种长距离迁徙的鸟类，自1985年以来其数量已经减少了15%。这可能是因为北极的春天提前了大约两周，而红腹滨鹬抵达的时间太晚，错过了昆虫孵化的最高峰。在食物匮乏的情况下，它们所能养育的后代也就减少了。

每年，全世界大约有70种鸻鹬类在地球的南北极之间迁徙，利用食物爆发的高峰期来养育自己的家庭。然而，其中是否有一些种群能够适应食物发生期的变化呢？这个问题还有待观察。

基于公民科学平台eBird所提供的数据，生物学家在一项研究中估计，在美洲境内迁徙的77个物种几乎都会在一年当中遭遇新的气候。这不仅发生在它们的温带繁殖地或热带越冬地，也发生在整个迁徙过程中，尤其是在亚成鸟第一次踏上南迁之旅时。这些研究主要聚焦于北半球的鸟类；因此，对于热带或南半球的物种如何应对气候变化，我们仍然没有定论。

对页图

这是一只长着繁殖羽的棕塍鹬。这种鸟类的迁徙距离很长；由于气候变化带来的春季提前和气温飙升，它们可能在昆虫孵化的高峰期过后才抵达繁殖地。

气候与求偶

气候变化会造成性选择信号与其原先反应的质量之间出现不匹配的情况，从而扰乱求偶和性选择。它还可以改变物种的分布范围，令存在少量杂交现象的近缘物种之间的部分边界发生变化。

随着繁殖季的变暖，欧洲的家燕巢也变得越来越小。我们知道，尾羽较长的雄鸟倾向于建造更小的鸟巢，而遗传变异导致了雄性尾羽长度的差异。气候变化导致欧洲的雌性家燕对于长尾羽的偏好变得比从前更加强烈。春天愈加温暖，雌鸟不再需要更大的鸟巢，也就可以选择更性感的雄鸟。

对页图

这是一对正在交配的岩雷鸟。雌鸟已经褪去白色羽毛，换上伪装性的棕色羽毛。雄鸟换羽的时间较迟，以便用显眼的白色吸引配偶。

气候变化也会干扰鸟类在性吸引信号与亲代养育之间的投资权衡。淡眉柳莺（*Phylloscopus humei*）繁殖于喜马拉雅山西部；为了适应早春的到来，它们将繁殖时间提前了两周。雌鸟和雄鸟都通过黄色翼斑的大小来选择配偶。而且，由于亲鸟对孵化较早的雏鸟投入更大，后者往往会发育出更宽的翼斑。因此，从1985年到2010年，淡眉柳莺的繁殖时间随着气温的升高而逐渐提前，它们的翼斑也变得更大、更有吸引力。然而，炎热的夏天增加了羽毛的磨损。等到繁殖季结束，它们的翼斑已经严重缩小，甚至不如前几代的个体。春季变暖和夏季变热对翼斑大小存在相反的效应：由于宽大的翼斑，淡眉柳莺在每个繁殖季开始前都展现了错误的信号；但随着繁殖季延长，羽毛磨损的增加令它们无法维持这种信号。事实上，气候变化已经让性选择信号变得不再

可靠。

在其他情况下，气候变化导致了物种分布范围的变化。这是个体间交配决策的结果。卡罗山雀和黑顶山雀可以杂交，并在宾夕法尼亚州重叠分布，形成了一个狭窄的杂交带。由于气候变化造成平均气温升高，这个杂交带正以每年0.8千米的速度向北移动。苏格兰和丹麦发生了同样的情况——小嘴乌鸦和冠小嘴乌鸦（*Corvus cornix*）的杂交带也以相似的速度向北移动。

不同于其他近缘物种，雷鸟（*Lagopus*）奉行一夫一妻制。然而，这并不能使它们免于性选择的作用。雄性岩雷鸟保持白色羽毛的时间要比雌鸟长3周左右。这种延迟换羽要付出高昂的代价。雄鸟为了吸引配偶而放弃了伪装的优势；一旦冰雪融化，它们更有可能被捕食者吃掉。雌鸟开始孵卵意味它不再具有繁殖能力。此时，显眼的雄鸟开始等待白色羽毛脱落，并在泥土和沙尘中摩擦自己。可以想象，气候变化带来的提前融雪对岩雷鸟，尤其是对雄鸟来说，可不是好兆头。

权衡与极端环境

斑头雁（*Anser indicus*）在海拔近4 800米的青藏高原之上迁徙，但心率几乎不会加快。它们也不需要像不习惯高海拔的人类那样，在攀登高山之前进行适应性训练。为了这种适应，斑头雁进化出一种特殊的血红蛋白分子（令血液变红的物质）；比起大多数鸟类或哺乳动物的血红蛋白，这种分子能更有效地与氧气结合。一些物种已经成为在极端气候下生存的特化种，但这并不意味着它们在面对气候变化时更具适应力。

针对高海拔的低氧浓度，不同种群进化出了不同的应对方法。与斑头雁一样，安第斯山脉的蜂鸟也有特殊的血红蛋白，它们能更有效地与氧气结合。常年生活在喜马拉雅山脉的鸣禽在每个细胞中产生更多的血红蛋白分子，以应对长期的氧气短缺，比如绿背山雀（*Parus monticolus*）和灰翅鸫（*Turdus boulboul*）。

相比之下，候鸟只在高山上繁殖几个月，随后就迁徙到离海平面更近、氧气更充足的地方，比如蓝额红尾鸲（*Phoenicurus frontalis*）。它们的反应就与平原地区的人类游览滑雪胜地一样——暂时制造出更多的血红细胞来补偿低水平的氧浓度。但这种解决方案是有成本的，因为细胞增多使血液变稠，增加了血液凝块的危险，使黏稠的血液难以流到全身。

比起保持灵活性的候鸟，只在高海拔地区生活的留鸟也需要付出代价。随着气温的升高，高海拔的留鸟无处可去，只能不断往上，直到从高山消失。在新几内亚山区进行的调查表明，与生物学家贾雷德·戴蒙德在1985年的首次记录相比，超过70%的鸟类物种向上迁移了40米。同样，在秘鲁境内的安第斯山脉，生活在山脊线的特化种已经有一半完全消失了，而几乎所有生活在山区的物种都比以前更稀少了。这在一定程度上是因为山脉在上升的过程中逐渐变窄。因此，即使鸟类为了应对气候变暖而向上扩散，它们实际的活动范围也缩小了。

随着气温上升而向山上移动

随着气温的升高，秘鲁安第斯山脉的鸟类活动范围也随之改变。鳞背蚁鸟（*Willisornis poecilinotus*，1）的活动范围扩大了17%。彩拟鴷（*Eubucco versicolor*，2）向上移动，导致其活动范围缩小了66%。从前只生活在山顶的杂色蚁鵙（*Thamnophilus caerulescens*，3）在2017年之后就消失了。

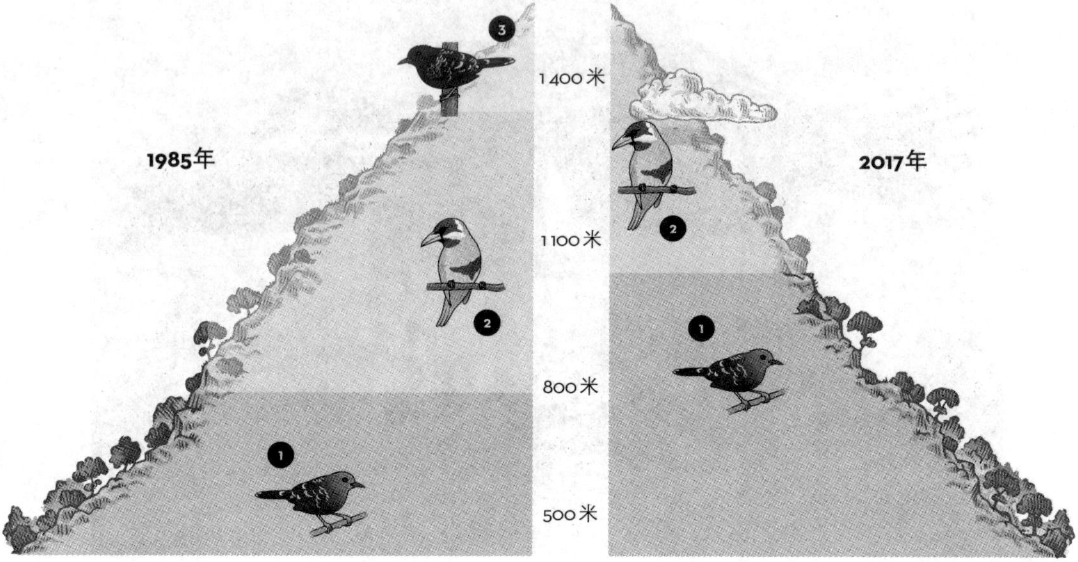

栖息地特化种

沙鸡科（Pteroclidae）是沙漠的特化种，也是鸽子的远亲。虽然该物种的雏鸟高度早成，但它们会像喝奶一样“吮吸”亲鸟胸前的羽毛，以获取水分。除了一种沙鸡之外，所有的沙鸡科鸟类都进化出一种特殊的羽毛，可以像海绵一样吸收水分。这样一来，雄鸟可以把水坑里的水带回雏鸟身边。研究人员从博物馆标本中取得沙鸡的羽毛，并将其浸泡在水中，结果发现，雄性沙鸡的羽毛含水量是其他鸟类羽毛的3倍，是雌性沙鸡羽毛的2倍。西藏毛腿沙鸡（*Syrrhaptes tibetanus*）是唯一没有这种特殊羽毛的种类，这似乎是出于隔热和海绵特性之间的工程学权衡。

另一种对不同纬度和栖息地的繁殖适应是卵色素。家禽科学家在20世纪60年代首次发现，受到强光照射的卵发育得更快。自那以后，生物学家发现，鸡蛋中的胚胎在白天的新陈代谢速度比在黑暗中快1.5倍。此外，卵壳颜色较浅的鸡蛋会反射更多的光照，所以颜色较深的鸡蛋升温更快。在来自多个目的643种鸟类中，生活在寒冷气候下的物种拥有颜色更深的卵壳，这大概是为了帮助它们保暖。这一规律只适用于那些暴露在阳光下的物种，不适用于那些在孔洞、地道或封闭鸟巢中产卵的物种。更令人惊讶的是，对于需要在大型捕食者眼皮底下进行伪装的物种来说，温度比隐蔽需求更能预示卵壳颜色的深浅。

灵活育雏

在亲代抚育方面，无论是在物种内部还是物种之间，鸻鹬类的差异都是最大的。斑腹矶鹬是北美境内繁殖范围最广的鹬。在这个性别角色颠倒的物种当中，雌鸟比雄鸟更早抵达繁殖地，以便争夺领地。雌鸟为多达3只的雄鸟产卵，然后所有的育儿工作由雄鸟完成。这使得雌鸟可以比配偶更早离开，自由地向南迁徙，毕竟雄鸟还要等雏鸟长大独立。事实上，在鸻鹬类当中，如果某一物种只需一只亲鸟就能成功养育雏鸟，并且还需要进行长距离迁徙，那么该物种往往是一妻多夫的。或许，在产卵上进行大量投入后，如果还要在育雏上花费更多的精力，那么雌性白腰滨鹬（*Calidris fuscicollis*）和其他一妻多夫制物种的雌鸟很难在迁徙途中存活。它们干脆早早地离开繁殖地，迫使雄鸟承担起这份责任。

多数鸻科鸟类都由双亲共同分担孵卵的职责，而雄鸟更倾向于"上夜班"。这可能是因为它们有着更鲜艳的颜色，不如雌鸟那么善于伪装。有一项研究关注36种鸻科鸟类，它们来自世界各地，包括加拿大、福克兰群岛、东亚和澳大利亚南部。研究发现，当温度变化较大或升高时，雄鸟会承担更大比例的孵卵工作，而其中一种手段就是和雌鸟一样"上日班"。

对页图

沙鸡是沙漠中的特化种。它们的腹部长有具有适应性的羽毛，能像海绵一样吸收水分。这只雄性的杂色沙鸡（*Pterocles burchelli*）正从卡拉哈里沙漠的一个水坑边起飞，准备把水送到几英里之外的鸟巢，喂给它的雏鸟。

迁徙决策

对页图

濒危的美洲鹤必须学习迁徙的方向。当幼鸟准备离开人工繁育中心时，饲养员坐在超轻型飞机上为它们指引方向。

就大多数物种对气候变化的适应而言，生物学家并不了解其中有哪些来自被环境触发的灵活反应，又有哪些来自由基因编码的固定行为节奏。迁徙巧妙地归纳了一个概念，即面对不可预知的环境，大多数适应同时涉及先天遗传和后天学习。即使是遗传方式最复杂的动物，也需要环境线索来校准它们的生物钟，以确定在何时往何地迁徙。

通过自然选择，迁徙的冲动由生物学家所说的“*zugunruhe*”（德语，意为“迁徙的躁动”）进化而来。那么，为什么迁徙具有适应性呢？关于这个问题的最佳猜测，是每年夏季造访温带的个体可以充分利用食物资源，生育后代的数量比全年留在热带地区的个体更多。

往哪里去？

对某些物种来说，迁徙路线和迁徙冲动在很大程度上受到基因的控制。即使大杜鹃由完全不同的物种抚养长大，它们似乎也本能地知道该往哪里迁徙。它们在没有向导的情况下飞往非洲过冬。同样，斑胸滨鹬在它们的雏鸟羽翼丰满前就离开了，但雏鸟能够独自迁徙。与之相对的是，年幼的鹤和雁在第一次迁徙飞行中进行学习。它们的领路导师可以是同一物种的年长个体，也可以是人类饲养员操作的轻型飞机。

黑顶林莺（*Sylvia atricapilla*）是旧大陆的莺类，繁殖于欧洲北部。从20世纪60年代开始，不列颠群岛的观鸟爱好者就注意到黑顶林莺的数量在冬季增加，而它们此时本该在欧洲南部越冬。生物学家分析了黑顶林莺爪子的化学成分，以监测它们在回到繁殖地前的觅食地。结果表明，繁殖于欧洲中部的一群黑顶林莺在不列颠群岛的鸟食平台上过冬养膘，而不是前往西班牙或葡萄牙等传统越冬地。

如今，我们知道这种新的迁徙方向和更短的迁徙距离是遗传差异造成的结果，由黑顶林莺返回德国和奥地利繁殖时做出的配偶选择所维持。正如人们可以通过挑选行为最极端的个体来培育放牧或打猎的犬种，生物学家也繁殖出一些不太具有迁徙冲动的黑顶林莺。在进化出新的迁徙路线和距离方面，像黑顶林莺这样短距离迁徙的候鸟具有优势。

何时出发?

除了按照日节律来调整的激素生物钟外，迁徙的候鸟还具有年度生物钟，这种生物钟可以帮助它们决定何时迁徙。

通过对调整季节性生物钟的自然选择，斑姬鹟适应了提早来临的春天。在2002年，比起21年前的同种个体，孵化于野外、饲养于同等实验室条件下的斑姬鹟的繁殖时间提早了9天，说明其生物钟的改变不仅仅依赖于环境线索（比如温度）。同样，2002年的雄鸟完成冬季换羽和性腺开始发育的时间都要早得多，这意味着它们比1981年的个体更早地迁徙归来，准备繁殖。

这项研究表明，斑姬鹟的年度生物钟有很大一部分是受遗传控制的，但在气候变暖的强烈选择下可以快速地进化。然而，这些斑姬鹟是长距离迁徙的候鸟，在从北非越冬地回来之前无法开始繁殖。最终，迁徙的时机可以限制这些鸟类为应对气候变化而调整繁殖生物钟的程度。

是否迁徙?

在美国的圣地亚哥，灰蓝灯草鹀已经进化为不再迁徙。即使在冬天，它们的栖息地也足够舒适，令一年两次的迁徙显得没有必要。就像黑顶林莺和斑姬鹟的不同种群一样，这些定居的灰蓝灯草鹀与原来的迁徙种群存在遗传上的显著差异。

从前，白鹳（*Ciconia ciconia*）在非洲和欧洲之间迁徙。如今，一些个体决定留下来，因为葡萄牙的垃圾填埋场有取之不尽的“垃圾食品”。由于白鹳在繁殖期具有很强的领地意识，在鸟巢所在之处成为全年的留鸟也有利于它们在春季的繁殖。不迁徙的白鹳不仅免除了长途跋涉的风险，而且与春季抵达的迁徙个体相比，它们在争夺优质的巢址时更具优势。从越冬地提前返回的雄性白鹳往往会占领最好的巢址，拥有最多的后代。没有证据表明这种行为是自然选择作用于迁徙倾向的遗传差异的结果。白鹳的寿命很长；在这些新的定居个体中，有许多在年轻时也是迁徙的候鸟。

对页图

葡萄牙的一些白鹳已经不会在冬季向南迁徙，因为它们全年都能从垃圾填埋场获得足够的食物。这样一来，它们就能在春天抢占最好的巢址。

迁徙机制

大多数在高纬度地区繁殖的鸟类会在非繁殖季迁徙到更温暖的地方。它们如何以及为什么进化出如此惊人的耐力呢？对此，我们依然知之甚少。就迁徙的总路程而言，北极燕鸥（*Sterna paradisaea*）是最极端的一个物种，它们每年都要在北极和南极之间飞行。

最著名的长途迁徙候鸟是一只雌性斑尾塍鹬（*Limosa lapponica*）。它戴着卫星发射器，在新西兰和阿拉斯加之间不眠不休地连续飞行了8天。如今，我们知道所有斑尾塍鹬都具有这种不可思议的耐力。即使是身材娇小的红喉北蜂鸟（*Archilochus colubris*）也能不停地飞行2 000千米。

鸟类追踪

以下是一些用于追踪候鸟的工具：

- 固定于鸟类腿上的金属环
- GPS（全球定位系统）发射器
- 卫星发射器
- 地理定位装置
- 甚高频无线电发射器
- 微型数据记录器

中世纪的人们将白颊黑雁的季节性消失解释为它们变成了藤壶。在欧洲，鸟类长距离迁徙的早期证据之一是1822年出现的一只白鹳——它的颈部插着一支非洲的猎矛。事实上，有多达25个这样的“*pfeilstorch*”（德语，意为“中箭的白鹳”）标本记录在案。白鹳也是第一批被意外“标记”的迁徙动物。几十年来，生物学家一直运用同样的原理，把小环系在鸟类的腿上，以期在其他地方再次捕获它们。然而，这种方法最多只能提供一两个地点的信息，而且回收率仅为1%左右。

追踪技术

如今，生物学家能够运用一些真正的高科技来

上图

这只脖子上插着非洲猎矛的白鹳是若干只“*pfeilstorch*”之一。它们为鸟类的冬季迁徙提供了一些最早的证据，否定了冬眠或变形的假设。

追踪鸟类的迁徙。卫星发射器令我们可以跟随单只鸟儿的迁徙路线。大杜鹃的种群数量一直在下降，但借助于众筹资金和政府拨款，中国科学家为少量个体安装了发射器。这些大杜鹃由当地的小学生命名，而来自太阳能卫星发射器的信号能够实时显示它们的位置。世界各地的人们屏息凝神，关注着它们的一举一动。它们甚至拥有自己的推特账号。发射器的数据显示，在中国繁殖的大杜鹃飞越印度，前往非洲过冬，将迁徙路途沿线和远方（比如该项目的发源地——英国）的人们联系在一起。

地理定位装置

卫星发射器的缺点在于它们的尺寸。相比之下，地理定位装置的重量不到1克，它可以记录鸟类在迁徙过程中的位置，有助于追踪体型较小的鸟类，并识别重要的中途停歇地。然而，与脚环一样，这需要在下载数据之前再次捕获这只鸟。更轻的纳米发射器使用甚高频无线电波，小到可以安装在蜻蜓身上。加拿大鸟类协会正在进行一个名为“莫图斯野生动物标记系统”（Motus Wildlife Tagging System）的合作项目，将数百个纳米发射器安装在北极与南美之间的动物身上。大量接收器追踪着这些动物的活动情况。

数据记录器

微型数据记录器包含一个加速度计和一个光传感器；前者用来测量鸟类移动的速度，而生物学家根据后者记录的时间和太阳高度角计算出鸟类的位置。这些设备非常小，重量不到1克。它们证实了普通雨燕（*Apus apus*）可以在空中飞行10个月，其间从不落地。它们还显示，在瑞典捕获的普通雨燕越冬于非洲西部。100多年来，瑞典科学家为大约5万只普通雨燕安装了脚环，但至今仅有一只在撒哈拉以南的非洲地区被回收。

上图

地理定位装置等追踪设备已经彻底改变了鸟类迁徙的研究状况。这种设备又轻又小，可以安装在体型很小的鸟类背上，比如图中这只仅有14克重的灰喉地莺（*Oporornis agilis*）。

2017年的一项研究将卫星追踪器、光敏数据记录器和绿色植物的卫星图像结合起来，结果发现，迁徙于古北界和非洲之间的三个物种——大杜鹃、红背伯劳（*Lanius collurio*）和欧歌鸲（*Luscinia luscinia*）——在迁徙途中追踪食物高峰期方面具有出奇的精准性与灵活性。无论是在非洲的越冬地还是在向欧洲迁徙的途中，这些鸟类都能将它们的行动与微观尺度的季节变化相匹配。

系统维护

羽毛是至关重要的装备，必须定期更换和保养。许多候鸟会在迁徙之前先飞到集结地，换上一身新的羽毛。换羽可能会消耗掉鸟类体内四分之一的蛋白质。一项关于红领带鹀（*Zonotrichia capensis*）的研究表明，血液中循环的应激激素水平越高，个体长出的羽毛质量越差。此外，尽管存在令人紧张的环境事件（比如季节变化），鸟类也可以抑制自己的压力反应，以便长出更好的羽毛。

虽然迁徙途中的候鸟可以在任意时候让一半的大脑进入睡眠状态，但中途停歇地对于许多鸟类来说都是恢复体力和补充能量的关键场所。就像生活中的所有事情一样，休息的鸟类也会面临权衡取舍。意大利的蓬扎岛是候鸟的休息站。通过使用热成像相机和测量莺类的呼吸率，生物学家发现，营养充足的健康个体可以在睡觉的时候把头部暴露在外，并且拥有更高的新陈代谢率，这令它们能够更快地对危险做出反应。相比之下，衰弱、邋遢的个体用更节能的姿势休息；它们把头缩到身体里，更容易受到捕食者的攻击。如果我们想要拯救这些物种，使用追踪技术来识别候鸟迁徙途中的关键停歇地是重中之重。

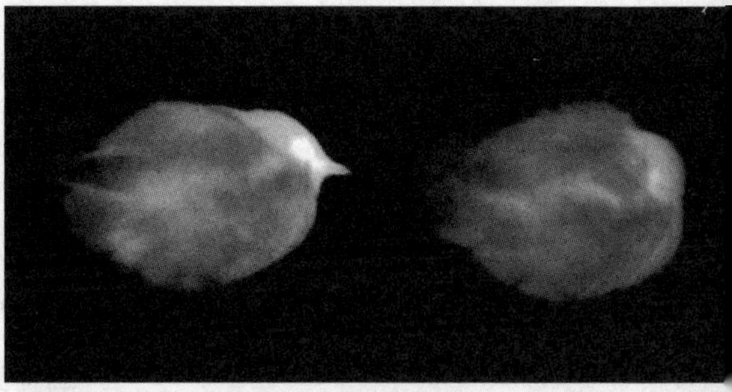

上图

这两张热成像图展现了鸟类在休息时的不同姿势。第一张图中的鸟将头部暴露在外；而第二张图中的鸟将头缩进羽毛中，热量损耗和整体温度都降低了。

下图

这是一只在岩石间休息的美国黄林莺（*Setophaga aestiva*）。

飞行燃料

小如蜂鸟和大如塍鹬的候鸟都会在迁徙之前将自己的体重增加一倍。美国的特拉华湾是重要的候鸟补给站；在这里，红腹滨鹬利用鲎的卵来补充能量，3周内就能恢复一半的体重，其中大部分是脂肪（对动物而言最有效的燃料），可以储存在显著增大的肝脏中。

水禽（包括多种鸭和雁）将这些刚刚生成的脂肪储存在肝脏中，创造出一种天然的法式美味——鹅肝。当鸭子们在加利福尼亚州吃饱喝足，为秋季迁徙做好准备后，人们发现少数被猎人射杀的针尾

海滩危机

红腹滨鹬是迁徙的鸻鹬类之一。它们大量地聚集在美国东海岸的特拉华湾，取食鲎的卵。红腹滨鹬的数量处于下降态势，而气候变化导致的海平面上升令一些关键的能量补给站消失了，这将使该物种变得更加脆弱。

鸭（*Anas acuta*）拥有极为肥美的肝脏，可以与人工饲养而得的鹅肝相媲美。西班牙的一位农民甚至找到了一种方法，利用水禽生长出脂肪肝的天性，为散养的鹅提供大量橡子和它们喜欢的其他食物，令其为不存在的迁徙之旅大快朵颐。在它们做好准备之后，农民就能收获优质的肝脏。这种鹅肝在口味盲测中获得了奖项，胜过了用传统方法（以漏斗给鹅强行喂食）得到的鹅肝。

雁的基因组存在某些基因的额外拷贝。这些基因可以快速地生成脂肪并将其储存在肝脏中，表明这些鸟类的肝脏是具有特化适应性的季节性燃料罐。此外，雁的肠道细菌可以在血液中产生高浓度的乳酸，抑制与脂肪变性（脂肪肝肿大）有关的炎症。了解水禽如何从生理上应对肥大的脂肪肝，有助于治疗人类身上的相关疾病。

鸟类调节进食冲动的方式也与人类健康有关。在迁往非洲东部之前，欧歌鸫会利用地球磁场来触发过量进食的冲动。饥饿激素是一种控制食欲的激素，存在于哺乳动物和鸟类的身体之中。生物学家给野生的庭园林莺（*Sylvia borin*）注射了饥饿激素，结果发现，这种激素的水平越高，鸟儿的食欲越差，迁徙的躁动感也会越强。他们还发现，天生激素水平较高的鸟类会储备更多的脂肪。

导航

迁徙的候鸟会利用来自太阳、群星和地球磁场的方向信息，它们还会利用地标。当信鸽被带到一个全新的地方，它们可以利用气味来判断飞行的方向。大多数鸟类是集群迁徙的，所以个体也可以在群体当中获得更多的信息。

集体导航有许多方式。就像一群人能够比任意个体更准确地猜中罐子里的豆子数量一样，来自多只动物的综合估计最有可能得出最优的迁徙路

下图

在阿拉斯加，一群沙丘鹤在向南迁徙的途中飞过了被积雪覆盖的迪纳利峰。

线。这一平均法则适用于迁徙的野生云雀（*Alauda arvensis*）和普通海番鸭（*Melanitta nigra*），在关于信鸽的实验中也得到了广泛的验证。

在较小的群体中，有经验的个体可以引领缺乏经验的个体踏上正确的飞行路线。不仅如此，这还会导致初出茅庐的亚成鸟向更有经验的成鸟学习。这两种机制都适用于美洲鹤。在集体导航中，最令人难以置信的现象是通过紧急传感实现的。单一的个体无法独自探测到环境梯度，但能通过集体的力量做到——每只鸟都是一个大型网络中的传感器。

众所周知，白鹳采用的是所有导航机制的组合。马克斯·普朗克研究所的科学家为27只亚成鸟安装了GPS追踪器和加速度计，不仅记录了群体中每个成员的去向，还记录了它们的速度。他们发现，一些个体更有可能成为寻找热气流的领头角色，而这一举动可以使它们减少振翅的次数，从而节省能量。相比之下，其他个体通过跟随这些“领头鸟”而受益。奇怪的是，随行的白鹳倾向于滞后或掉队，导致它们振翅的能耗高了许多，最终的迁徙距离比领头鸟更短。随行者往往会落在欧洲南部，而效率更高的领头鸟则一路飞到非洲。

光污染

不幸的是，迁徙的候鸟会莫名其妙地被明亮的灯光吸引，从而迷失方向。几个世纪以来，灯塔吸引了无数迁徙的鸣禽。此外，高层建筑内的灯光也吸引着迁徙的鸟群，导致它们与玻璃发生碰撞。在北美境内迁徙时，大约一半的候鸟仅需不到一周的时间就能穿越一座城市。自20世纪90年代以来，志愿者们就一直在纽约等城市统计建筑物底部的死鸟数量。据估计，每年有6亿只鸟因撞向摩天大楼而死亡。生物学家估计，在北美和欧洲的大部分地区，夜间的人造灯光以每年5%~10%的速度增加。为了有效地缓解这一情况，我们可以使用带有微小图案的玻璃；这类图案对鸟类可见，能够减少90%的碰撞意外。

鸟类大数据

鸟类在生态系统中具有独特的地位，能够帮助我们理解和应对全球气候危机的影响。它们的脆弱性使其成为一个良好的环境预警系统。许多物种的长距离迁徙将广阔的空间连接起来，有助于我们了解全球尺度的气候变化。

鸟类的知名度和感召力令它们成为解决方案的一部分。数十年来，世界各地的志愿者们一直忠实地收集着鸟类的相关记录，令科学家拥有大量的数据——这是其他生物群所达不到的。这些数据表明鸟类的数量急剧下降，但同时也为人类提供了利用技术纠正部分错误的机会。

大多数鸟类在夜间迁徙，所以生物学家开始采用现有的天气雷达技术来监测大型鸟群。最新的双偏振雷达可以发射两个微波束，令气象学家能够在风暴中区分雨、冰雹和雪。现在，鸟类学家也利用同样的技术来观察相应的细节，比如鸟喙的朝向。

另一种名为NEXRAD的雷达技术可以捕捉候鸟在迁徙前起飞的动作，帮助生物学家识别出栖息地的重要区域，找出关键的停歇站。多普勒雷达的数据令科学家重新构建了过往的迁徙状况。他们的发现令人感到沮丧，相关记录表明候鸟的生物量每年下降4%。

现在，有了eBird等公民科学平台，科学家们可以将大量的记录与雷达信息结合起来，呈现出鸟群的移动方式。于是，康奈尔鸟类学实验室等机构能制作出年度迁徙地图，用动画呈现不同鸟类跨越大陆的景象。BirdCast使用雷达扫描和eBird上提交的记录来预测鸟类的活动，就像天气预报一样，但仅针对鸟类的迁徙。科学家们还将这些信息与显示光污染水平的卫星图像相结合，预测出最有可能让候鸟迷失方向的地区。

保护工作者还与政府进行合作，利用这些数据来预测关键的飞行路线，从而最大限度地减少光污染或飞机等威胁而造成的“迁徙杀戮”。包括以色列、波兰和德国在内的许多国家建立了鸟防系统，已经将鸟类与军用飞机之间的碰撞事故减少了45%。

eBird的数据显示，鸣禽的迁徙方式与体型较大、更为经典的研究对象（比如鸻

上图

在暴风雨肆虐后，一群橙腹拟鹂（*Icterus galbula*）站在树上。这场暴风雨打断了它们飞往北方的春迁之旅。

鹬类和水禽）截然不同。比起沿着相同的路线来回飞行，这些体型较小的旅行者更加灵活。它们还进行环状迁徙，在往返繁殖地的途中采用不同的路线，以便充分利用顺风，减少阻力。

来自康奈尔鸟类学实验室的生物学家运用计算机翻译了各种雷达数据。结果显示，比起在美国南部和中部越冬的长途候鸟，在本土48个州越冬、在美加边境以北繁殖的短途候鸟更有可能无法回来繁殖。这一结果令人惊讶——人们原以为短距离迁徙的风险较低。

理解动物的运动

机器学习让理解动物的运动迈出了重要的一步。就像训练人类大脑从背景噪声中提取出鸟类鸣声一样，研究人员用大量的鸟类录音对人工智能程序进行了训练，从而让计算机将北极鸟类繁殖地的录音直接转换成候鸟抵达的日期。这样一来，保护工作者无须亲自记录或破译任何信息，就能知道候鸟是如何应对气候变化的。目前，该算法可以把鸟类鸣声与其他噪声（比如风声或机械声）区别开来。下一步是训练计算机算法识别不同的鸟类物种。

类似的方法可以用于确定和预测候鸟迁徙的中途停歇地、繁殖地和鸟类活动的时间，好让政府和保护组织获悉需要重点保护的关键区域。帮助鸟类应对气候变化是一个全球性的问题，不仅因为气候变化是一个全球现象，更因为候鸟通过迁徙将多个国家联系在一起。一个薄弱环节就足以造成系统性的崩溃。

濒危的鹬

世界上仅存不到500只勺嘴鹬（*Calidris pygmaea*）。

一些保护措施获得了成功。比氏夜鸫（*Catharus bicknelli*）是一种神出鬼没的罕见鸟类，只在新英格兰的山顶繁殖。如今，该物种在多米尼加共和国的一个重要越冬地获得了保护。红脚隼（*Falco amurensis*）是人类已知的迁徙距离最长的猛禽。在印度北部，一项大规模的推广工作将曾经的狩猎场变成一个保护区，让这些充满魅力的小型猛禽继续在天空中翱翔。我在赞比亚看到过这种美丽的鸟类，它们从中国和西伯利亚的繁殖地远道而来。受到保护的关键停歇站位于那加兰邦；在那里，红脚隼利用数万亿季节性白蚁补充能量，然后飞行3 900千米跨越印度洋。当地政府希望，大量生态旅游者会为了观赏红脚隼的迁徙慕名而来，为放弃传统捕猎的

上图

填海造地和近海的风力涡轮机对迁徙的鸻鹬类，比如图中的黑腹滨鹬（*Calidris alpina*）构成了严重的威胁。在迁徙过程中，该物种依靠传统的集群停歇地来补充食物。

那加兰邦人民带来收益。

最令人振奋的是，中国政府已经同意停止在黄海填海造地。这片区域是东亚—澳大拉西亚迁徙路线上的一个关键候鸟停歇站。来自西伯利亚和阿拉斯加的鸻鹬类沿着这条路线飞往澳大利亚越冬。黄海沿岸的滩涂为候鸟提供了一个重要的食物补给地。在过去的20年里，我目睹了填海造地对这些滩涂的影响。每年，当我自己踏上回新加坡的“迁徙之旅”时，湿地自然保护区内的候鸟数量都在不断减少。栖息地丧失导致大杓鹬（*Numenius madagascariensis*）的数量锐减80%。

观鸟爱好者对鸟类保护做出了至关重要的贡献。对鸟类的热爱让他们凝聚在一起，观察在迁徙途中迷路的罕见鸟类，并对观鸟的时间和地点做出详细的记录。我希望，我们能够继续共同努力，积累大量数据，拯救我们喜爱的鸟类。

参考文献

书籍

Black, J. M. (1996). *Partnerships in Birds: the Study of Monogamy*. Oxford University Press.

Davies, N. B. (2000). *Cuckoos, Cowbirds and Other Cheats*. T. & A. D. Poyser.

Davies, N. B. (1992). *Dunnock Behaviour and Social Evolution*. Oxford University Press.

Davies, N. B., Krebs, J. R., West, S. A. (2012). *An Introduction to Behavioural Ecology*. 4th edition, Wiley-Blackwell.

Koenig, W. D., Dickinson, J. L. (Ed.) (2016). *Cooperative Breeding in Vertebrates: Studies of Ecology, Evolution, and Behavior*. Cambridge University Press.

Payne, R. B., Sorenson, M. D. (2005). *The Cuckoos*. Oxford University Press.

期刊论文

Abbey-Lee, R. N., Dingemanse, N. J. (2019). Adaptive individual variation in phenological responses to perceived predation levels. *Nature Communications, 10*, 5667.

Aplin, L. M., et al. (2017). Conformity does not perpetuate suboptimal traditions in a wild population of songbirds. *PNAS, 114*, 7830–7837.

Aplin, L. M., et al. (2015). Experimentally induced innovations lead to persistent culture via conformity in wild birds. *Nature, 518*, 538–541.

Araya-Salas, M., et al. (2018). Spatial memory is as important as weapon and body size for territorial ownership in a lekking hummingbird. *Scientific Reports, 8*, 2001.

Ashton, B. J., et al. (2018). Cognitive performance is linked to group size and affects fitness in Australian magpies. *Nature, 554*, 364–367.

Baldwin, M. W., et al. (2014). Evolution of sweet taste perception in hummingbirds by transformation of the ancestral umami receptor. *Science, 345*, 929–933.

Bearhop, S., et al. (2005). Assortative mating as a mechanism for rapid evolution of a migratory divide. *Science, 310*, 502–504.

Becciu, P., et al. (2019). Environmental effects on flying migrants revealed by radar. *Ecography, 42*, 942–955.

Bell, B. A., et al. (2018). Influence of early-life nutritional stress on songbird memory formation. *Proceedings of the Royal Society B, 285*, 20181270.

Boeckle, M., Clayton, N. S. (2017). A raven's memories are for the future. *Science, 357,* 126–127.

Bosse, M., et al. (2017). Recent natural selection causes adaptive evolution of an avian polygenic trait. *Science, 358,* 365–368.

Both, C., Visser, M. E. (2001). Adjustment to climate change is constrained by arrival date in a long-distance migrant bird. *Nature, 411,* 296–298.

Brown, C. R., Bomberger Brown, M. (2013). Where has all the road kill gone? *Current Biology, 23,* 233–234.

Bryan, R. D., Wunder, M. B. (2014). Western burrowing owls (*Athene cunicularia hypugaea*) eavesdrop on alarm calls of black-tailed prairie dogs (*Cynomys ludovicianus*). *Ethology, 120,* 180–188.

Bulla, Martin, et al. (2016). Unexpected diversity in socially synchronized rhythms of shorebirds. *Nature, 540,* 109–113.

Burley, N. T., Symanski, R. (1998). "A taste for the beautiful": Latent aesthetic mate preferences for white crests in two species of Australian grassfinches. *American Naturalist, 15,* 792–802.

Campagna, L., et al. (2017). Repeated divergent selection on pigmentation genes in a rapid finch radiation. *Science Advances, 3,* e1602404.

Carleial, R., et al. (2020). Dynamic phenotypic correlates of social status and mating effort in male and female red junglefowl, *Gallus gallus. Journal of Evolutionary Biology, 33,* 22–40.

Carlo, T. A., Tewksbury, J. J. (2014). Directness and tempo of avian seed dispersal increases emergence of wild chiltepins in desert grasslands. *Journal of Ecology, 102,* 248–255.

Carpenter, J. K., et al. (2019). Long seed dispersal distances by an inquisitive flightless rail (*Gallirallus australis*) are reduced by interaction with humans. *Royal Society Open Science, 6,* 190397.

Child, M. F., et al. (2012). Investigating a link between bill morphology, foraging ecology and kleptoparasitic behaviour in the fork-tailed drongo. *Animal Behaviour, 84,* 1013–1022.

Clayton, N. S. & Emery, N. J. (2007). The social life of corvids. *Current Biology, 17,* 652–656.

Cornwallis, C. K., O'Connor, E. A. (2009). Sperm: Seminal fluid interactions and the adjustment of sperm quality in relation to female attractiveness. *Proceedings of the Royal Society B, 276,* 3467–3475.

Couzin, I. D. (2018). Collective animal migration. *Current Biology, 28,* 952–1008.

Da Silva, A., Kempenaers, B. (2017). Singing from north to south: Latitudinal variation in timing of dawn singing under natural and artificial light conditions. *Journal of Animal Ecology, 86,* 1286–1297.

Davis, H. T., et al. (2018). Nest defense behavior of Greater Roadrunners (*Geococcyx californianus*) in south Texas. *Wilson Journal of Ornithology, 130,* 788–792.

Depeursinge, A., et al. (2019). The multilevel society of a small-brained bird. *Current Biology, 29,* 1120–1121.

Drummond, H., et al. (2016). An unsuspected cost of mate familiarity: increased loss of paternity. *Animal Behaviour, 111,* 213–216.

Earp, S. E. & Maney, D. L. (2012). Birdsong: Is it music to their ears? *Frontiers in*

Evolutionary Neuroscience, *4*, 14.

Echeverría, V., et al. (2018). Pre-basic molt, feather quality, and modulation of the adrenocortical response to stress in two populations of rufous-collared sparrows *Zonotrichia capensis*. *Journal of Avian Biology*, e01892.

Evans, S. R. & Gustafsson, L. (2017). Climate change upends selection on ornamentation in a wild bird. *Nature Ecology & Evolution*, *1*, 1–5.

Fallow, P. M., Magrath, R. D. (2010). Eavesdropping on other species: mutual interspecific understanding of urgency information in avian alarm calls. *Animal Behaviour*, *79*, 411–417.

Farine, D. R., et al. (2019). Early-life social environment predicts social network position in wild zebra finches. *Proceedings of the Royal Society B*, *286*, 20182579.

Fehér, O., et al. (2009). De novo establishment of wild-type song culture in the zebra finch. *Nature*, *459*, 564–568.

Felice, R. N., O'Connor, P. M. (2014). Ecology and caudal skeletal morphology in birds: The convergent evolution of pygostyle shape in underwater foraging taxa. *PLoS One*, *9*(2).

Felice, R. N., et al. (2019). Dietary niche and the evolution of cranial morphology in birds. *Proceedings of the Royal Society B*, *286*, 20182677.

Ferretti, A., et al. (2019). Sleeping unsafely tucked in to conserve energy in a nocturnal migratory songbird. *Current Biology*, *29*, 2766–2772.

Firth, J. A., et al. (2015). Experimental evidence that social relationships determine individual foraging behavior. *Current Biology*, *25*, 3138–3143.

Firth, J. A., et al. (2018). Personality shapes pair bonding in a wild bird social system. *Nature Ecology & Evolution*, *2*, 1696–1699.

Flack, A., et al. (2018). From local collective behavior to global migratory patterns in white storks. *Science*, *360*, 911–914.

Found, R. (2017). Interactions between cleaner-birds and ungulates are personality dependent. *Biology Letters*, *13*, 20170536.

Francis, M. L., et al. (2018). Effects of supplementary feeding on interspecific dominance hierarchies in garden birds. *PLoS One*, *13*(9).

Gahr, M. Vocal communication: Decoding sexy songs (2018). *Current Biology*, *28*, 306–327.

Galván, I., et al. (2019). Unique evolution of vitamin A as an external pigment in tropical starlings. *Journal of Experimental Biology*, *222*, 205229.

Gautier, P., et al. (2008). The presence of females modulates the expression of a carotenoid-based sexual signal. *Behavioral Ecology and Sociobiology*, *62*, 1159–1166.

George, J. M., et al. (2019). Acute social isolation alters neurogenomic state in songbird forebrain. *PNAS*, *22*, 201820841.

Gibson, R. M., et al. (1991). Mate choice in lekking sage grouse revisited: The roles of vocal display, female site fidelity, and copying. *Behavioral Ecology*, *2*, 165–180.

Gilbert, N. I., et al. (2015). Are white storks addicted to junk food? Impacts of landfill use on the movement and behaviour of resident white storks (*Ciconia ciconia*) from a partially migratory population. *Movement Ecology*, *4*, 7.

Goodale, E., Kotagama, S. W. (2008). Response to conspecific and heterospecific alarm calls in mixed-species bird flocks of a Sri Lankan rainforest. *Behavioral Ecology*, *19*, 887–894.

Goymann, W., et al. (2017). Ghrelin affects stopover decisions and food intake in a long-distance migrant. *PNAS*, *114*, 1946–1951.

Grant, B. R., Grant, P. R. (2010). Songs of Darwin's finches diverge when a new species enters the community. *PNAS*, *107*, 20156–20163.

Grant, P. R., Grant, B. R. (2008). Pedigrees, assortative mating and speciation in Darwin's finches. *Proceedings of the Royal Society B*, 275, 661–668.

Greeney, H. F., et al. (2015). Trait-mediated trophic cascade creates enemy-free space for nesting hummingbirds. *Science Advances*, *1*, e1500310.

Gwinner, H., et al. (2018). "Green incubation": Avian offspring benefit from aromatic nest herbs through improved parental incubation behaviour. *Proceedings of the Royal Society B*, *285*, 20180376.

Hedenström, A., et al. (2016). Annual 10-Month Aerial Life Phase in the Common Swift *Apus apus*. *Current Biology*, *26*, 3066–3070.

Heinsohn, R., et al. (2017). Tool-assisted rhythmic drumming in palm cockatoos shares key elements of human instrumental music. *Science Advances*, *3*, e1602399.

Helm, B., et al. (2019). Evolutionary response to climate change in migratory pied flycatchers. *Current Biology*, *29*, 3714–3719.

Hijglund, J., et al. (1995). Mate-choice copying in black grouse. *Animal Behaviour*, *49*, 1627–1633.

Hill, G. E., McGraw, K. J. (2004). Correlated changes in male plumage coloration and female mate choice in cardueline finches. *Animal Behaviour*, *67*, 27–35.

Hinks, A. E., et al. (2015). Scale-dependent phenological synchrony between songbirds and their caterpillar food source. *American Naturalist*, *186*, 85–97.

Hoffmann, S., et al. (2019). Duets recorded in the wild reveal that interindividually coordinated motor control enables cooperative behavior. *Nature Communications*, *10*, 2577.

Igic, B., et al. (2015). Crying wolf to a predator: Deceptive vocal mimicry by a bird protecting young. *Proceedings of the Royal Society B*, *282*, 20150798.

Ihle, M., et al. (2015). Fitness benefits of mate choice for compatibility in a socially monogamous species. *PLoS Biology*, *13*, 1002248.

Jelbert, S. A., et al. (2018). Mental template matching is a potential cultural transmission mechanism for New Caledonian crow tool manufacturing traditions. *Scientific Reports*, *8*, 1–8.

Jetz, W., et al. (2014). Global distribution and conservation of evolutionary distinctness in birds. *Current Biology*, *24*, 919–930.

Joanne, R., et al. (2019). Spontaneity and diversity of movement to music are not uniquely human. *Current Biology*, *29*, 603–622.

Kareklas, K., et al. (2019). Signal complexity communicates aggressive intent during contests, but the process is disrupted by noise. *Biology Letters*, *15*, 20180841.

Karubian, J., et al. (2011). Bill coloration, a flexible signal in a tropical passerine bird, is regulated by social environment and androgens. *Animal Behaviour, 81*, 795–800.

Keagy, J., et al. (2009). Male satin bowerbird problem-solving ability predicts mating success. *Animal Behaviour, 78*, 809–817.

Kempenaers, B., et al. (2018). Interference competition pressure predicts the number of avian predators that shifted their timing of activity. *Proceedings of the Royal Society B, 285*, 20180744.

Kiss, D., et al. (2013). The relationship between maternal ornamentation and feeding rate is explained by intrinsic nestling quality. *Behavioral Ecology and Sociobiology, 67*, 185–192.

Kniel, N., et al. (2015). Novel mate preference through mate-choice copying in zebra finches: Sexes differ. *Behavioral Ecology, 26*, 647–655.

Knight, K. (2016). Mystery of broadbills' wing song revealed. *Journal of Experimental Biology, 219*, 905.

La Sorte, F. A., et al. (2018). Seasonal associations with novel climates for North American migratory bird populations. *Ecology Letters, 21*, 845–856.

Lamichhaney, S., et al. (2018). Rapid hybrid speciation in Darwin's finches. *Science, 359*, 224–228.

Lanctot, R. B., et al. (1998). Male traits, mating tactics and reproductive success in the buff-breasted sandpiper, *Tryngites subruficollis*. *Animal Behaviour, 56*, 419–432.

Legg, E. W., Clayton, N. S. (2014). Eurasian jays (*Garrulus glandarius*) conceal caches from onlookers. *Animal. Cognition, 17*, 1223–1226.

Leniowski, K., Wegrzyn, E. (2018). Synchronisation of parental behaviours reduces the risk of nest predation in a socially monogamous passerine bird. *Scientific Reports, 8*, 1–9.

Liévin-Bazin, A., et al. (2019). Food sharing and affiliation: An experimental and longitudinal study in cockatiels (*Nymphicus hollandicus*). *Ethology, 125*, 276–288.

Lilly, M. V., et al. (2019). Eavesdropping grey squirrels infer safety from bird chatter. *PLoS One, 14*, e0221279.

Ling, H., et al. (2019). Costs and benefits of social relationships in the collective motion of bird flocks. *Nature Ecology & Evolution, 3*, 943–948.

Ling, H., et al. (2019). Behavioural plasticity and the transition to order in jackdaw flocks. *Nature Communications, 10*, e5174.

Lu, L., et al. (2015). The goose genome sequence leads to insights into the evolution of waterfowl and susceptibility to fatty liver. *Genome Biology, 16*, 89.

Macarthur, R. H. (1958). Population ecology of some warblers of northeastern coniferous forests. *Ecology, 39*, 599–619.

Madden, J. (2001). Sex, bowers and brains. *Proceedings of the Royal Society B, 268*, 833–838.

Magrath, R. D., Bennett, T. H. (2012). A micro-geography of fear: Learning to eavesdrop on alarm calls of neighbouring heterospecifics. *Proceedings of the Royal Society B, 279*, 902–909.

Maia, R., et al. (2013). Key ornamental

innovations facilitate diversification in an avian radiation. *PNAS, 110*, 10687-10692.

Malpass, J. S., et al. (2017). Species-dependent effects of bird feeders on nest predators and nest survival of urban American robins and northern cardinals. *Condor 119*, 1-16.

Mariette, M. M., Buchanan, K. L. (2016). Prenatal acoustic communication programs offspring for high posthatching temperatures in a songbird. *Science, 353*, 812–814.

Mathot, K. J., et al. (2017). Provisioning tactics of great tits (*Parus major*) in response to long-term brood size manipulations differ across years. *Behavioral Ecology, 28*, 1402-1413.

Mcqueen, A., et al. (2019). Evolutionary drivers of seasonal plumage colours: colour change by moult correlates with sexual selection, predation risk and seasonality across passerines. *Ecology Letters, 22*, 1838-1849.

Mets, D. G., Brainard, M. S. (2019). Learning is enhanced by tailoring instruction to individual genetic differences. *eLife, 8*, e47216.

Miller, E. T., et al. (2017). Fighting over food unites the birds of North America in a continental dominance hierarchy. *Behavioral Ecology, 28*, 1454-1463.

Mocha, Y., et al. (2018). Why hide? Concealed sex in dominant Arabian babblers (*Turdoides squamiceps*) in the wild. *Evolution and Human Behavior, 39*, 575–582.

Mocha, Y. Ben, Pika, S. (2019). Intentional presentation of objects in cooperatively breeding Arabian babblers (*Turdoides squamiceps*). *Frontiers in Ecology and Evolution, 7*, 87.

Moks, K., et al. (2016). Predator encounters have spatially extensive impacts on parental behaviour in a breeding bird community. *Proceedings of the Royal Society B, 283*, 20160020.

Morales, J., et al. (2018). Maternal programming of offspring antipredator behavior in a seabird. *Behavioral Ecology, 29*, 479-485.

Mutzel, A., et al. (2019). Effects of manipulated levels of predation threat on parental provisioning and nestling begging. *Behavioral Ecology, 30*, 1123-1135.

Navalón, G., et al. (2020). The consequences of craniofacial integration for the adaptive radiations of Darwin's finches and Hawaiian honeycreepers. *Nature Ecology & Evolution, 4*, 270–278.

Nelson-Flower, M. J., Ridley, A. R. (2016). Nepotism and subordinate tenure in a cooperative breeder. *Biology Letters, 12*, 20160365.

Nilsson, C., et al. (2019). Revealing patterns of nocturnal migration using the European weather radar network. *Ecography, 42*, 876-886.

Noguera, J. C., Velando, A. (2019). Bird embryos perceive vibratory cues of predation risk from clutch mates. *Nature Ecology & Evolution, 3*, 1225-1232.

Nunn, C. L., et al. (2011). Mutualism or parasitism? Using a phylogenetic approach to characterize the oxpecker-ungulate relationship. *Evolution, 65*, 1297-1304.

Oliver, R. Y., et al. (2018). Eavesdropping on the Arctic: Automated bioacoustics reveal dynamics in songbird breeding phenology. *Science Advances, 4*, 1084.

Patricelli, G. L., Krakauer, A. H. (2010). Tactical allocation of effort among multiple signals in sage grouse: An experiment with a robotic female. *Behavioral Ecology, 21*, 97–106.

Pérez-Camacho, L., et al. (2018). Structural complexity of hunting habitat and territoriality increase the reversed sexual size dimorphism in diurnal raptors. *Journal of Avian Biology, 49*, e10745.

Perrot, C., et al. (2016). Sexual display complexity varies non-linearly with age and predicts breeding status in greater flamingos. *Scientific Reports, 6*, 36242.

Phillips, R. A., et al. (2004). Seasonal sexual segregation in two Thalassarche albatross species: Competitive exclusion, reproductive role specializaion or foraging niche divergence? *Proceedings of the Royal Society B, 271*, 1283–1291.

Piersma, T. (1998). Phenotypic flexibility during migration: Optimization of organ size contingent on the risks and rewards of fueling and flight? *Journal of Avian Biology, 29*, 511.

Pika, S., Bugnyar, T. (2011). The use of referential gestures in ravens (*Corvus corax*) in the wild. *Nature Communications, 2*, 560.

Plantan, T., et al. (2013). Feeding preferences of the red-billed oxpecker, *Buphagus erythrorhynchus*: A parasitic mutualist? *African Journal of Ecology, 51*, 325–336.

Plummer, K. E., et al. (2019). The composition of British bird communities is associated with long-term garden bird feeding. *Nature Communications, 10*, 1–8.

Potvin, D. A., Clegg, S. M. (2015). The relative roles of cultural drift and acoustic adaptation in shaping syllable repertoires of island bird populations change with time since colonization. *Evolution, 69*, 368–380.

Potvin, D. A., et al. (2018). Birds learn socially to recognize heterospecific alarm calls by acoustic association. *Current Biology, 28*, 2632–2637.

Price, T. D., et al. (2014). Niche filling slows the diversification of Himalayan songbirds. *Nature, 509*, 222–225.

Price, T. D., et al. (2000). The imprint of history on communities of North American and Asian warblers. *American Naturalist, 156*, 354–367.

Prokop, Z. M., et al. (2012). Meta-analysis suggests choosy females get sexy sons more than “good genes”. *Evolution, 66*, 2665–2673.

Pulido, F., Berthold, P. (2010). Current selection for lower migratory activity will drive the evolution of residency in a migratory bird population. *PNAS, 107*, 7341–7346.

Qvarnström, A., et al. (2004). Female collared flycatchers learn to prefer males with an artificial novel ornament. *Behavioral Ecology, 15*, 543–548.

Radford, A. N., Du Plessis, M. A. (2003). Bill dimorphism and foraging niche partitioning in the green woodhoopoe. *Journal of Animal Ecology, 72*, 258–269.

Rotics, S., et al. (2018). Early arrival at breeding grounds: Causes, costs and a trade-off with overwintering latitude. *Journal of Animal Ecology, 87*, 1627.

Rutz, C., et al. (2010). The ecological significance of tool use in new Caledonian crows. *Science, 329*, 1523–1526.

Rutz, C., et al. (2016). Discovery of species-wide tool use in the Hawaiian crow. *Nature, 537*, 403–407.

San-Jose, L. M., et al. (2019). Differential fitness effects of moonlight on plumage colour morphs in barn owls. *Nature Ecology & Evolution, 3*, 1331–1340.

Sánchez-Macouzet, O., et al. (2014). Better stay together: Pair bond duration increases individual fitness independent of age-related variation. *Proceedings of the Royal Society B, 281*, 20132843.

Sánchez-Macouzet, O., Drummond, H. (2011). Sibling bullying during infancy does not make wimpy adults. *Biology Letters, 7*, 869–871.

Santangeli, A., et al. (2017). Stronger response of farmland birds than farmers to climate change leads to the emergence of an ecological trap. *Biological Conservation, 17*, 166–172.

Savoca, M. S., et al. (2016). Marine plastic debris emits a keystone infochemical for olfactory foraging seabirds. *Science Advances, 2*, e1600395.

Smith, S. H., et al. (2017). Earlier nesting by generalist predatory bird is associated with human responses to climate change. *Journal of Animal Ecology, 86*, 98–107.

Snyder, K. T., Creanza, N. (2019). Polygyny is linked to accelerated birdsong evolution but not to larger song repertoires. *Nature Communications, 10*, 884.

Song, S. J., et al. (2019). Is there convergence of gut microbes in blood-feeding vertebrates? *Philosophical Transactions of the Royal Society B, 374*, 20180249.

Spottiswoode, C. N., et al. (2016). Reciprocal signaling in honeyguide-human mutualism. *Science, 353*, 387–389.

Suetsugu, K., et al. (2015). Avian seed dispersal in a mycoheterotrophic orchid *Cyrtosia septentrionalis*. *Nature Plants, 1*, 1–2.

Suzuki, T. N. (2018). Alarm calls evoke a visual search image of a predator in birds. *PNAS, 115*, 1541–1545.

Suzuki, T. N., et al. (2017). Wild birds use an ordering rule to decode novel call sequences. *Current Biology, 27*, 2331–2336.e3.

Tanaka, K. D., et al. (2005). Yellow wing-patch of a nestling Horsfield's hawk cuckoo *Cuculus fugax* induces miscognition by hosts: Mimicking a gape? *Journal of Avian Biology, 36*, 461–464.

Taylor, S. A., et al. (2014). Climate-mediated movement of an avian hybrid zone. *Current Biology, 24*, 671–676.

Tebbich, S., et al. (2001). Do woodpecker finches acquire tool-use by social learning? *Proceedings of the Royal Society B, 268*, 2189–2193.

Templeton, C. N., Greene, E. (2007). Nuthatches eavesdrop on variations in heterospecific chickadee mobbing alarm calls. *PNAS, 104*, 5479–5482.

Templeton, C., et al. (2005). Allometry of alarm calls: Black-capped chickadees encode information about predator size. *Science, 308*, 1934–1937.

Thomas, D. B., et al. (2014). Ancient origins and multiple appearances of carotenoid-pigmented feathers in birds. *Proceedings of the Royal Society B, 281*, 20140806.

Thorup, K., et al. (2017). Resource tracking within and across continents in long-distance bird migrants. *Science Advances, 3,* e1601360.

Van de Pol, M., et al. (2009). Fluctuating selection and the maintenance of individual and sex-specific diet specialization in free-living oystercatchers. *Evolution, 64,* 836–851.

Van Doren, B. M., Horton, K. G. (2018). A continental system for forecasting bird migration. *Science, 361,* 1115–1118.

van Gasteren, H., et al. (2019). Aeroecology meets aviation safety: Early warning systems in Europe and the Middle East prevent collisions between birds and aircraft. *Ecography, 42,* 899–911.

Van Gils, J. A., et al. (2016). Body shrinkage due to Arctic warming reduces red knot fitness in tropical wintering range. *Science,* 352, 819–821.

van Lawick-Goodall, J., van Lawick-Goodall, H. (1966). Use of tools by the Egyptian vulture, *Neophron percnopterus. Nature, 212,* 1468–1469.

Vergara, P., et al. (2012). The condition dependence of a secondary sexual trait is stronger under high parasite infection level. *Behavioral Ecology, 23,* 502–511.

Wiemann, J., et al. (2018). Dinosaur egg colour had a single evolutionary origin. *Nature,* 563, 555–558.

Winterbottom M., et al. (2001). The phalloid organ, orgasm and sperm competition in a polygynandrous bird: The red-billed buffalo weaver (*Bubalornis niger*). *Behavioral Ecology and Sociobiology,* 50, 474–482.

Wiley, E. M., Ridley, A. R. (2018). The benefits of pair bond tenure in the cooperatively breeding pied babbler (*Turdoides bicolor*). *Ecology and Evolution, 8,* 7178–7185.

Wisocki, P. A., et al. (2020). The global distribution of avian eggshell colours suggest a thermoregulatory benefit of darker pigmentation. *Nature Ecology & Evolution, 4,* 148–155.

Yosef, R., et al. (2011). Set a thief to catch a thief: Brown-necked raven (*Corvus ruficollis*) cooperatively kleptoparasitize Egyptian vulture (*Neophron percnopterus*). *Naturwissenschaften, 98,* 443–446.

Yu, J., et al. (2019). Heterospecific alarm-call recognition in two warbler hosts of common cuckoos. *Animal Cognition,* 22, 1149–1157.

Zenzal, T. J., Moore, F. R. (2016). Stopover biology of ruby-throated hummingbirds (*Archilochus colubris*) during autumn migration. *The Auk,* 133, 237–250.

Zub, K., et al. (2017). Silence is not golden: The hissing calls of tits affect the behaviour of a nest predator. *Behavioral Ecology and Sociobiology, 71,* 79.

Zuk, M., Johnsen, T. S. (2000). Social environment and immunity in male red jungle fowl. *Behavioral Ecology, 11,* 146–153.

译名对照表

A

acorn woodpeckers 橡树啄木鸟
Adélie penguins 阿德利企鹅
African firefinches 灰顶火雀
African starlings 非洲的椋鸟
albatrosses 信天翁
allopreening 相互理毛
Alpine accentors 领岩鹨
Alpine choughs 黄嘴山鸦
American coots 美洲骨顶
American crows 短嘴鸦
American kestrels 美洲隼
American robins 旅鸫
Amur falcons 红脚隼
Anna's hummingbirds 安氏蜂鸟
antbirds 蚁鸟
anthropomorphism 拟人化
aquatic birds 水鸟
Arabian babblers 阿拉伯鸫鹛
Arctic terns 北极燕鸥
Asian glossy starlings 亚洲辉椋鸟
Australian magpies 黑背钟鹊

B

bald eagles 白头海雕
bald ibises 秃鹮
Banggai crows 邦盖乌鸦
bar-headed geese 斑头雁
bar-tailed Godwits 斑尾塍鹬
barn owls 仓鸮
barn swallows 家燕
barnacle geese 白额黑雁
bay-breasted warblers 栗胸林莺
bee-eaters, white-fronted 白额蜂虎
bell miners 矿吸蜜鸟
Bengalese finches 家养白腰文鸟
Benkman, Craig W. 克雷格 · W. 本克曼
"bet-hedging" 风险对冲
Bicknell's thrushes 比氏夜鸫
bird feeders 鸟类喂食器
birds-of-paradise 极乐鸟
black coucals 黑胸鸦鹃
black grouse 黑琴鸡
black vultures 黑头美洲鹫
black wheatears 白尾黑鵰
black-belled firefinches 黑腹火雀
black-billed magpies 北美喜鹊
black-breasted buzzards 黑胸钩嘴鸢
black-browed albatrosses 黑眉信天翁
black-capped chickadees 黑顶山雀
black-chinned hummingbirds 黑颏北蜂鸟
black-throated green warblers 黑喉绿林莺
blackbirds 欧乌鸫
Blackburnian warblers 橙胸林莺
blackcaps 黑顶林莺
blue tits 青山雀
blue-backed manakins 蓝背娇鹟
blue-footed boobies 蓝脚鲣鸟
blue-fronted redstarts 蓝额红尾鸲
Bohemian waxwings 太平鸟
boobies 鲣鸟
bowerbirds 园丁鸟
Brennan, Patricia 帕特里夏 · 布伦南
brood parasitism 巢寄生
brown thornbills 褐刺嘴莺

brown-eared bulbuls 栗耳短脚鹎
brown-headed cowbirds 褐头牛鹂
buff-breasted sandpipers 饰胸鹬
buffleheads 白枕鹊鸭

C

cactus finches 仙人掌地雀
camouflage 伪装
campo flickers 草原扑翅䴕
Cape May warblers 栗颊林莺
capsaicin 辣椒素
Carolina chickadees 卡罗山雀
Carotenoids 类胡萝卜素
carrion crows 小嘴乌鸦
Carson, Rachel 蕾切尔·卡森
cassia crossbills 喀细亚交嘴雀
Chatham Island robins 查岛鸲鹟
chestnut-crowned babblers 栗冠弯嘴鹛
chickadees 北美山雀
chiltepin peppers 原产于美洲的辣椒
chinstrap penguins 纹颊企鹅
clans 族群
Clayton, Nicky 尼基·克莱顿
coalitions 联盟
cockatiels 鸡尾鹦鹉
cockatoos 凤头鹦鹉
coevolution 协同进化
collagen 胶原
collared flycatchers 领姬鹟
colonial living 群居生活
communal larders 公共贮藏室
contact calls 接触鸣叫
cooperative breeding 合作繁殖
Cooper's hawks 库氏鹰
coots 骨顶
copulation 交配
cormorants 鸬鹚
countersinging 对唱
courtship 求偶
crested auklets 凤头海雀
cuckoldry 私通

D

dark-eyed juncos 灰蓝灯草鹀
Darwin, Charles 查尔斯·达尔文
Darwin's finches 达尔文地雀
data loggers 数据记录器
Davis, Kate 凯特·戴维斯
Diamond, Jared 贾雷德·戴蒙德
dimethyl sulfide (DMS) 二甲基硫醚
dinosaurs 恐龙
distraction displays 佯伤
downy woodpeckers 绒啄木鸟
drongos, fork-tailed 叉尾卷尾
dunnocks 林岩鹨
dusky grouse 蓝镰翅鸡

E

Earp, Sarah 莎拉·厄普
eastern kingbirds 东王霸鹟
eastern towhees 棕胁唧鹀
eclectus parrots 红胁绿鹦鹉
Egyptian vultures 白兀鹫
eider ducks 欧绒鸭
emotional intelligence (EQ) 情商
emperor penguins 帝企鹅
Eurasian bullfinches 红腹灰雀
Eurasian curlews 白腰杓鹬
Eurasian jays 松鸦
Eurasian magpies 欧亚喜鹊
Eurasian oystercatchers 蛎鹬
European robins 欧亚鸲
European starlings 紫翅椋鸟
evolution 进化
extra-pair copulations 配偶外交配行为

F

fairywrens 细尾鹩莺
female choice 雌性选择
flamingos 红鹳
flocks 集群
Florida scrub-jays 丛鸦
food caches 食物储藏
foraging 觅食
fork-tailed drongos 叉尾卷尾
fork-tailed storm petrels 灰蓝叉尾海燕

G

Galápagos mockingbirds 加岛嘲鸫
gentoo penguins 白眉企鹅
geolocators 地理定位装置
ghrelin 饥饿激素
giant petrels 巨鹱
golden eagles 金雕
golden-breasted starlings 金胸丽椋鸟
goldfinches 金翅雀
Goodall, Jane 珍·古道尔
Gould, John 约翰·古尔德
Grant, Rosemary & Peter 罗

斯玛丽·格兰特和彼得·格兰特
great spotted woodpeckers 大斑啄木鸟
great tits 大山雀
greater anis 大犀鹃
greater flamingos 大红鹳
greater honeyguides 黑喉响蜜䴕
greater rheas 大美洲鸵
greater roadrunners 大走鹃
green woodhoopoes 绿林戴胜
green-backed tits 绿背山雀
green-rumped parrotlets 绿腰鹦哥
grey-headed albatrosses 灰头信天翁
grey-winged blackbirds 灰翅鸫
groove-billed anis 沟嘴犀鹃
grosbeaks 蜡嘴雀
guineafowl, vulturine 鹫珠鸡
guira cuckoos 圭拉鹃

H

habitat loss 生境丧失
habitat specialists 生境特化种
haemoglobin 血红蛋白
hairy woodpeckers 长嘴啄木鸟
handicap principle 障碍原则
"hard life" hypothesis "艰难生活"假说
Hawaiian crows 夏威夷乌鸦
Hawaiian ducks 夏威夷鸭
Hawaiian honeycreepers 夏威夷旋蜜雀
hippocampus 海马体
hoatzins 麝雉
honest signals 真实信号
hooded crows 冠小嘴乌鸦
hoopoes 戴胜
house finches 家朱雀
house sparrows 家麻雀
Hudsonian Godwits 棕塍鹬
Hume's warblers 淡眉柳莺
hybrid species 杂交物种

I

imprinting 印记
incubation 孵卵
indigobirds 维达雀
individual recognition 个体识别
infanticide 杀婴
irruptions 入侵
island species 岛屿物种

J

jacanas 水雉
jackdaws 寒鸦
Japanese tits 远东山雀
Jerdon's babblers 杰氏鹛雀
joint attention 联合注意
junglefowl, red 红原鸡

K

Kentish plovers 环颈鸻
Ketterson, Ellen 艾伦·凯特森
killdeers 双领鸻
kin groups 亲属群体
kingfishers, pied 斑鱼狗
Kirtland's warblers 黑纹背林莺
Kittlitz's murrelets 小嘴斑海雀

L

lance-tailed manakins 尖尾娇鹟
lapwings, northern 凤头麦鸡
Laysan albatrosses 黑背信天翁
learning, song 鸣唱学习
lekking 在求偶场求偶
lesser-spotted eagles 小乌雕
lesser-spotted woodpeckers 小斑啄木鸟
life expectancies 预期寿命
light pollution 光污染
long-billed dowitchers 长嘴鹬
long-billed hermits 西长尾隐蜂鸟
long-tailed manakins 长尾娇鹟
long-tailed tits 北长尾山雀
long-tailed widowbirds 长尾巧织雀
Lorenz, Konrad 康拉德·洛伦兹

M

MacArthur, Robert H. 罗伯特·H. 麦克阿瑟
machine learning 机器学习
Madagascar fish eagles 马岛海雕
mallard ducks 绿头鸭
Mandarin ducks 鸳鸯
Maney, Donna 唐娜·梅尼
marbled murrelets 云石斑海雀
marsh tits 沼泽山雀
melanin 黑色素
Mexican jays 墨西哥丛鸦

migration 迁徙
mobbing 围攻
mockingbirds 嘲鸫
monkeyflowers 猴面花
monogamy 一夫一妻制
moult 换羽
mountain chickadees 北美白眉山雀
Mozart, Wolfgang Amadeus 沃尔夫冈·阿玛多伊斯·莫扎特
murmurations 集群飞行的椋鸟
murrelets 海雀
mutualism 互利共生

N

natural selection 自然选择
nature/nurture 先天/后天
navigation 导航
Nazca boobies 橙嘴鲣鸟
neonicotinoids 新烟碱
New Caledonian crows 新喀鸦
New Zealand bellbirds 新西兰吸蜜鸟
niche 生态位
nighthawks 夜鹰
nightjars 夜鹰
noise pollution 噪声污染
northern cardinals 主红雀
northern flickers 北扑翅䴕
northern goshawks 苍鹰
northern jacanas 美洲水雉
northern lapwings 凤头麦鸡
northern mockingbirds 小嘲鸫
nostrils 鼻孔
nuthatches, red-breasted 红胸䴓

O

olfactory bulbs 嗅球
orioles 拟鹂
ospreys 鹗
ostriches 鸵鸟
oystercatchers, Eurasian 蛎鹬

P

pair bonds 配对关系
palm cockatoos 棕树凤头鹦鹉
parasites 寄生物
parental care 亲代抚育
Particelli, Gail 盖尔·帕蒂切里
peacocks 孔雀
pectoral sandpipers 斑胸滨鹬
peregrine falcons 游隼
personality traits 性格特征
pesticides 杀虫剂
phalluses 阴茎
pied babblers 斑鸫鹛
pied currawongs 斑噪钟鹊
pied flycatchers 斑姬鹟
pied kingfishers 斑鱼狗
pintails 针尾鸭
pinyon jays 蓝头鸦
plumage 羽毛
pollination 传粉
polyandry 一妻多夫制
polygynandry 多夫多妻制
polygyny 一夫多妻制
predation 捕食
preening 理毛
Project Feeder Watch 喂食器观察项目
prolactin 催乳素
pygostyles 尾综骨

Q

quail 鹌鹑

R

Radford, Andy 安迪·雷德福
rattling cisticolas 巧扇尾莺
ravens 渡鸦
reciprocal behaviours 互惠行为
red (common) crossbills 红交嘴雀
red grouse 红松鸡
red junglefowl 红原鸡
red knots 红腹滨鹬
red ovenbirds 棕灶鸟
red phalaropes 灰瓣蹼鹬
red-backed fairywrens 红背细尾鹩莺
red-backed shrikes 红背伯劳
red-billed buffalo weavers 红嘴牛椋鸟
red-breasted nuthatches 红胸䴓
red-crowned cranes 丹顶鹤
red-tailed hawks 红尾鵟
red-winged blackbirds 红翅黑鹂
reed warblers 苇莺
reproduction 繁殖
resource distribution 资源分布
rheas 美洲鸵
Riehl, Christina 克里斯蒂娜·里尔
ringed plovers 剑鸻
roadrunners 走鹃
rock ptarmigan 岩雷鸟
rooks 秃鼻乌鸦

white-rumped sandpipers 白腰滨鹬
white-throated sparrows 白喉带鹀
whooping cranes 美洲鹤
willow ptarmigans 柳雷鸟
willow tits 褐头山雀
wood ducks 林鸳鸯
wood thrushes 棕林鸫
wood warblers 林柳莺
woodpecker finches 拟䴕树雀
Wytham Woods 怀特姆森林

Y

yellow-billed magpies 黄嘴喜鹊
yellow-headed blackbirds 黄头黑鹂
yellow-legged gulls 黄腿鸥
yellow-rumped caciques 黄腰酋长鹂
yellow-rumped warblers 黄腰白喉林莺

Z

zebra finches 斑胸草雀

致谢

这本书的问世需要感谢很多人，难以尽述。感谢尤尼出版社，尤其是凯特·沙纳汉、奈杰尔·布朗宁和凯特·达菲令整个项目成为可能。特别感谢本·谢尔顿和道格·默克的独到见解。感谢比尔·伯恩赛德、南希·柯蒂斯、道格·埃姆兰、戴维·黑格、C. J.黄、迪诺·马丁斯、艾琳·尼尔森、西莱斯特·彼得森、内奥米·皮尔斯、玛格丽特·莱恩·覃、劳拉·泰勒和格雷·杰斯，以及更多我不知道名字的朋友和家人们，感谢他们坚定的支持和鼓舞人心的话语。最衷心的感谢献给安娜和鸟儿们，感谢她们在日常散步中给我带来灵感和愉悦。

尤尼出版社感谢韦恩·布莱兹的优雅设计和凯特·奥斯本的精美插画。